微观星球

显微镜下的奇妙世界

★ 植物篇 ★

主　　编　吴成军

本册主编　刘　奕

编　　者　刘　奕　孔佩佩　卢晓华
　　　　　罗彩珍　张新莲　刘伟华
　　　　　司世杰　赵　荻　吴成军

机械工业出版社
CHINA MACHINE PRESS

这是一本关于数码显微观察的套装图书,由生活篇、细胞篇、植物篇和动物篇组成,囊括59个主题。内容涉及生物、化学、物理等多个学科。本书用深入浅出、生动有趣的内容和令人惊艳的数码显微镜原创图片,为读者带来了微观世界的美和专业的科学知识。植物篇介绍了藻类、苔藓、蕨类和种子植物以及它们的部分营养器官和生殖器官。

本书适合一线教师和广大微观爱好者阅读,也适合作为青少年的科普读物。

图书在版编目(CIP)数据

微观星球:显微镜下的奇妙世界.3,植物篇 / 吴成军主编;刘奕本册主编. — 北京:机械工业出版社,2022.3(2024.5重印)
ISBN 978-7-111-70170-5

Ⅰ.①微… Ⅱ.①吴… ②刘… Ⅲ.①生物学 – 显微术–青少年读物 ②植物–青少年读物 Ⅳ.①Q-336 ②Q94-49

中国版本图书馆CIP数据核字(2022)第026254号

机械工业出版社(北京市百万庄大街22号 邮政编码100037)
策划编辑:卢婉冬　　　责任编辑:卢婉冬
责任校对:王　欣　张　薇　责任印制:张　博
北京华联印刷有限公司印刷

2024年5月第1版第3次印刷
215mm×225mm・6.4印张・114千字
标准书号:ISBN 978-7-111-70170-5
定价:200.00元(共4册)

电话服务　　　　　　网络服务
客服电话:010-88361066　机　工　官　网:www.cmpbook.com
　　　　　010-88379833　机　工　官　博:weibo.com/cmp1952
　　　　　010-68326294　金　书　网:www.golden-book.com
封底无防伪标均为盗版　机工教育服务网:www.cmpedu.com

前 言
PREFACE

微观星球　显微镜下的奇妙世界

微观世界是一个神秘的"国度",在这个国度里有着众多的生物和微观粒子,它们形态多样、色彩斑斓,可惜我们用肉眼难以观察。显微镜的出现帮助我们打开了通往这个美丽国度的大门。四百多年前,第一台显微镜被制造出来,随后,"细胞"被看见。从此我们进入了一个崭新的微观世界,生物科学研究也随之进入了新的阶段。越来越多的科技工作者投身于显微镜的制作与改进,显微镜下的世界也越来越丰富多彩。时至今日,随着图像处理和液晶显示的广泛应用,数码液晶显微镜凭借其能对图像进行实时显示拍照、摄像并保存等优点,获得了广泛的应用。数码液晶显微镜极大地提升了观察的效率和质量,让使用者在体验快捷和方便的同时,收获满满的喜悦和成就感。

基于数码液晶显微镜的观察,我们编写了《微观星球　显微镜下的奇妙世界》一书,这本套装书分为《生活篇》《细胞篇》《植物篇》和《动物篇》四个分册,展示微观世界科学之美的同时,带给大家一场惊艳的视觉盛宴!

《生活篇》紧密联系我们日常接触的环境,如水体中、空气中甚至人体中生活着哪些微小的生物?它们怎样运动?真菌孢子是怎样释放的?如何辨别植物细胞中作为能源物质的淀粉和脂肪?如何区分人体的三种血细胞?红细胞有何特点?血型与输血的关系是什么?我们常食用的食盐、白糖和味精的真面目是怎样的?把常见的化学反应搬到显微镜下会有什么不同?这里将给出满意的答案!

《细胞篇》介绍了植物和动物的细胞结构和组成物质,让读者了解细胞结构与功能,以及与环境相适应的自然法则。细胞具有颜色的秘密是什么?水绵的叶绿体是如何起源的?植物的保护组织、营养组织细胞分别有什么特点?运输水分的导管是不是像水管一样?气孔有哪些功能?相邻植物细胞间如何进行信息交流?植物细胞、人体及动物细胞吸水和失水的方式相同吗?植物细胞是一动不动的吗?细胞是如何进行分裂的?花粉长什么样?它是如何形成的?内容专业又有趣!

《植物篇》按照藻类、苔藓、蕨类和种子植物的进化顺序，主要介绍了植物的部分营养器官（结构）和生殖器官（结构）。绿藻水绵与其他藻类相比，其特殊之处是什么？苔藓的孢子体和蕨类的孢子囊区别有多大？爬山虎是靠什么攀爬的？植物表面的表皮毛有什么作用？此中内容令人耳目一新！

《动物篇》从认识单细胞动物开始，到无脊椎动物和脊椎动物，从微观的角度了解动物的形态结构、生长、发育和生殖过程。你见过昆虫新生命的绽放和蜕变吗？你知道动物的各种生存神器吗？果蝇作为生命科学研究的模式生物有哪些独特之处？被称为"生命长河"的血液是怎样流动的？在这里你将会有熟悉的感觉和意外的收获！

对于显微镜下的景观，目前只有零散的一些照片流传于网络中，主题不够鲜明，科学性和系统性也不强。与之相比，这本套装书是不可多得的科普书籍，在国内实属首创，有如下特点：

（1）画面精美。书中的图片绝大多数为数码液晶显微镜所拍，皆为原创，张张惊艳，展现微观世界的精彩，令人赞叹。

（2）内涵丰富，涉及面广。生物、化学、物理、数学、艺术等多学科融合，有一定的系统性。

（3）科学和实用。按不同的环境、不同的分类方法和不同的观察对象编排，具有较强的科学性和实用性，能为一线的教师和科学研究者提供参考。

（4）专业和科普。不仅有"美"，还有"科学"，每一篇目内容都有专业知识的渗透和拓展，深入浅出，生动有趣，易被广大读者接受，具有很强的科学普及价值。

当我们徜徉在充满魅力的微观世界时，不知不觉中就如海绵一般吸取科学浩瀚海洋中的知识，充实自我，收获自信。

微观美景让人流连忘返，让人感觉生命的神奇与美丽，给我们带来了探究自然的兴趣和动力，也给我们带来了许多的美好和快乐！希望读者能从中深受启发，从而乐于探究自然的奥秘，发现自然之美。

本书在编写过程中力求内容准确无误，为此参阅了大量的文献，但由于时间仓促和我们水平有限，难免出现疏漏和错误，欢迎广大读者批评指正，在此一并感谢！

感谢机械工业出版社科普分社的赵屹社长和卢婉冬副社长，正是他们的鼓励和支持，才让我们有勇气和毅力完成这项任务繁重的工作。书中有大量的图片，编辑和排版任务繁重，在责任编辑的积极策划和精心的工作下，这本套装书得以高质量出版，对他们致以诚挚谢意。

吴成军
2022年3月于北京

目 录

前言

01 探秘植物世界 / 001

02 绿色星球的"缔造者"——藻类植物 / 011

03 单细胞藻类生命的演变 / 018

04 植物王国的"小矮人"——苔藓植物 / 024

05 "苔花如米小"——苔藓的孢子体 / 031

06 蕨类植物叶下探秘——孢子囊和孢子 / 037

07 松柏抵御严寒的奥秘 / 048

CONTENTS

08 植物叶片的营养运输网——叶脉 / 055

09 植物叶片的防御武器——表皮毛 / 063

10 陆生植物的生存秘诀——维管系统 / 070

11 攀缘植物的利器——卷须和吸盘 / 078

12 叶片的华丽变身——花 / 085

13 多姿多彩的花粉世界 / 094

14 植物"胎儿"在子房中的着生方式——胎座类型 / 106

15 播种下一代的好搭档——果实和种子 / 115

01 探秘植物世界

你对植物的了解有多少？

池塘中漂浮的狐尾藻，草丛中默默盛开的野菊花，道路两边傲然挺拔的白杨，雨林中霸道生长的绞杀榕，大海中摇曳的海带，沙漠中坚守的仙人掌……

小到如小球藻般一个细胞，大到如杏仁桉般超过百米直冲云霄，植物作为生物圈中的生产者，以各种形态生活在地球上的每一个角落。植物利用光能进行光合作用，在积累有机物的同时，释放氧气。可以说，没有植物，就没有我们人类，甚至没有这绚烂、精彩的世界。

叶子"瘦身"成刺？

世界上没有两片相同的叶子。

是的！

柳叶如眉随风而舞，王莲圆叶如船憩于水面，银杏的叶子如一把小扇般在枝头俏丽地生长，海带的叶子如绸缎般在水中摇曳……仙人掌呢？你见过它的叶子吗？

仙人掌生活在沙漠中，在那么炎热、干旱的环境中，它首要的生存任务就是保水！叶片是植物进行蒸腾作用散失水分的主要场所，为了生存，仙人掌的叶子"瘦身"成刺。这是若干年演化的结果，大多数仙人掌的刺非常坚硬，每根刺上还有许多逆行的倒刺刚毛，除了可以减少水分散失，还具有保护作用（图1-1）。

其实，最初仙人掌的嫩枝上有绿色的小叶，叶子很小，只有5毫米左右，不容易引起注意，并且随着仙人掌的长大，小叶早落，就很难再找到叶子了（图1-2）。

图1-1 仙人掌的刺（① 150×；② 60×）

图1-2 仙人掌的嫩叶早落

菊花不是一朵花？

"采菊东篱下，悠然见南山。"

菊花超凡脱俗的气质不知受到多少文人墨客的欣赏和喜爱，但不知古人是否知晓菊花的不凡不仅体现在气质上，更是体现在结构上。

菊花不是一朵花！菊花是头状花序，表面上看着酷似一朵花，其实是由许多小花聚集而成的（图1-3）。

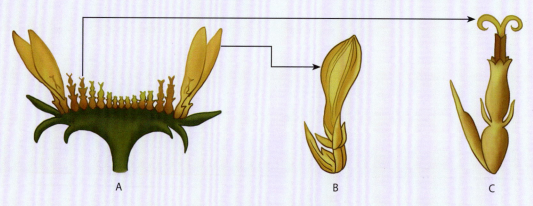

图 1-3 菊花头状花序结构图
A. 头状花序纵切（舌状花和管状花） B. 舌状花 C. 管状花（两性花）

以非洲菊为例，一朵看似精致的小花，其实是由上百朵小花组成的。其中位于"花心"的管状花花冠连接为筒状，是雌蕊雄蕊都具备的两性花。位于花序边缘的舌状花雄蕊退化，只有一枚雌蕊，舌状花大多颜色艳丽，是整个花序的"门面担当"，我们日常所说的黄色的菊花、绿色的菊花，其实指的都是舌状花的颜色（图1-4）。

图 1-4 非洲菊的管状花与舌状花（30×）

图 1-5 蒲公英

果实自带"降落伞"?

你吹过蒲公英的"白球球"吗?漫步在草丛中,摘下蒲公英的"白球球",鼓足腮帮,用力一吹,无数个白色的"降落伞"飞向空中。那一刻,好像所有的烦恼都被吹散,也好像所有的梦想都飞向远方。

其实,就在我们用力一吹的那一瞬间,蒲公英的果实便开始了新的旅程(图 1-5)!

"白球球"原是蒲公英的头状花序,花开花落,果实成熟。蒲公英的果实(瘦果)呈倒卵状披针形,暗褐色,长 4~5 毫米,顶端着生 8 毫米左右的喙,喙的另一端分布着一周白色的冠毛,长约 6 毫米,这样看来,每一个蒲公英的果实都好似背着白色的降落伞,随风而舞。蒲公英的果实表面有很多小刺,仔细看,冠毛表面也有很多小刺,经历了自由、漫长的空中时光,这些小刺便会帮助果实"抓住"地面,落地生根,开始新的生命(图 1-6)!

图 1-6 蒲公英的冠毛(150×)

含羞草为何"害羞"?

你见过含羞草"害羞"吗?

当我们触碰含羞草的叶子时,叶片就会闭合,好似一个害羞的女孩儿,慢慢低下了头(图1-7)。

图1-7 含羞草受到刺激前后的变化

含羞草为什么会"害羞"呢？这其实是含羞草受到外界刺激后的感性运动，要解释这个问题还要从它的叶片结构说起。

含羞草是豆科植物，羽状复叶，在叶柄基部和复叶的小叶基部，都有一个比较膨大的结构——叶枕。叶枕对外界刺激的反应极为敏感，当叶枕接收到外界刺激后，叶枕中的细胞会发生变化以牵动叶片的运动（图1-8）。

图1-8　含羞草的叶枕

研究表明，含羞草受到外界刺激后0.08秒内，叶片就会闭合，5~10分钟左右，叶片便会恢复。它的这种特殊本领与它的生存密切相关——含羞草生活在常有风雨的热带区域，当雨滴或大风来袭时，含羞草迅速"害羞"收拢叶子，下垂叶柄，就可以完美地躲避狂风暴雨的伤害。

植物可以吃动物？

众所周知，绝大多数动物不能自己制造有机物，需要靠摄食的方式获取有机物。相比之下，植物可以进行光合作用，制造有机物。但是大自然就是这样神奇，生物的生存之法总是让我们感叹，其中捕蝇草就是一种很特殊的植物，它可以吃动物（图1-9、图1-10）！

图1-9 捕蝇草

图1-10 捕蝇草的捕食过程

捕蝇草的"捕食神器"是它的捕虫夹（一种变态叶），聪明的捕蝇草会依赖叶缘的蜜腺分泌蜜汁吸引昆虫，一旦昆虫"落网"，捕蝇草会迅速紧闭捕虫夹将其捕获。捕蝇草如何感知昆虫呢？在两片捕虫夹内，分布着六根感觉毛（每片各三根），当昆虫触碰到两根感觉毛时，捕蝇草就会抓住时机，迅速闭合捕虫夹（图1-11）。

图1-11 捕虫夹内感觉毛（60×）和无柄腺（150×）的分布

　　捕虫夹两侧规则而坚硬的刺状结构使昆虫无法挣脱。在捕虫夹内部，密密麻麻地分布着无数无柄腺，这些腺体会分泌消化液，将"猎物"消化，捕蝇草用吸收消化后的物质供给自身的生命活动。

　　"猎物"被消化吸收后，捕蝇草的捕虫夹又会张开，等待新的"猎物"。

图 1-12 菟丝子

植物界也有"寄生虫"?

你见过菟丝子吗?它们总是缠绕在豆科、菊科等植物上,霸道地生长着。仔细观察,你会发现,菟丝子生长得如此茂盛,竟然没有一片叶子!菟丝子没有叶片,无法进行光合作用,那菟丝子的有机物从何而来呢?菟丝子是如何生长的呢(图1-12、图1-13)?

图 1-13 菟丝子的根毛(① 60×;② 1280×)

01 探秘植物世界

菟丝子不似普通的藤本植物只是缠绕在其他植物上,它与被缠绕的植物还有着千丝万缕的联系——菟丝子是植物界的"寄生虫",它是营寄生生活的植物,当菟丝子接触其他植物后,就会在接触表面形成吸根,深入宿主体内,汲取宿主体内的营养物质。所以,即使菟丝子没有叶片,也能从宿主体内获取物质和能量,凭借顽强的生命力茂盛地生长。

那菟丝子在接触宿主之前是如何生存的呢?

其实菟丝子的幼体和其他植物一样,也有叶片,靠自身的光合作用获取有机物,但是当菟丝子碰到宿主之后,就会疯狂地缠绕和汲取,成为彻头彻尾的"寄生虫"(图1-14)。

图1-14 菟丝子的寄生过程

植物世界是丰富多彩的,每一种植物都在默默地守护着我们的地球,同时也绽放着自己的精彩。一朵花、一片叶都彰显着植物独有的魅力,每一个细胞都蕴含着植物生存的智慧。让我们一路同行,一起欣赏植物的美丽和智慧,一起感恩植物为我们、为整个大自然所奉献的一点一滴!

02 绿色星球的"缔造者"
——藻类植物

唐代白居易的《忆江南》中写道:"江南好,风景旧曾谙。日出江花红胜火,春来江水绿如蓝。能不忆江南?"同样,北宋欧阳修的《春日西湖寄谢法曹韵》也写道:"西湖春色归,春水绿于染。"江水和湖水为什么是绿色的呢?是否与绿藻有关呢?"纸上得来终觉浅,绝知此事要躬行",就让我们取一滴"绿水"放到显微镜下一探究竟吧!

借助显微镜，我们观察到"绿水"中的绿色生物居多，其中包括种类丰富的绿藻。有意思的是，在生物世界里绿色的、带"藻"字的并不一定都是绿藻，如绿色的"蓝藻"。

蓝藻（蓝细菌）

蓝藻是一类神奇的生物。化石研究显示，大约在 35 亿~33 亿年前，地球上的水体中首先出现了单细胞的蓝藻。蓝藻抵挡住了当时地球的高温、缺氧、紫外线辐射强等恶劣环境，一直生存到现在，并且分布广泛，可见其顽强的生命力！不仅如此，蓝藻还引发了地球演化过程中最引人注目的事件之一——地球大气从无氧状态发展到有氧状态。其中的奥秘就是蓝藻含叶绿素和藻蓝素等光合色素，能够吸收光能进行光合作用产生氧气。因此蓝藻又被称为微型、高效的"氧气工厂"，是地球好氧生物进化与发展的良好基础。毫不夸张地说，地球之所以能变得这么美丽，蓝藻是当之无愧的大英雄！

目前已知的蓝藻约 2 000 种，"绿水"中常见的蓝藻有颤藻、念珠藻等。

颤藻（图 2-1）呈现蓝绿色，是由一列单细胞组成的丝状体，因其能前后运动或左右摆动而得名。它的细胞结构简单，与细菌的结构基本相同，没有由核膜包被的细胞核，DNA 位于拟核内，没有染色体。

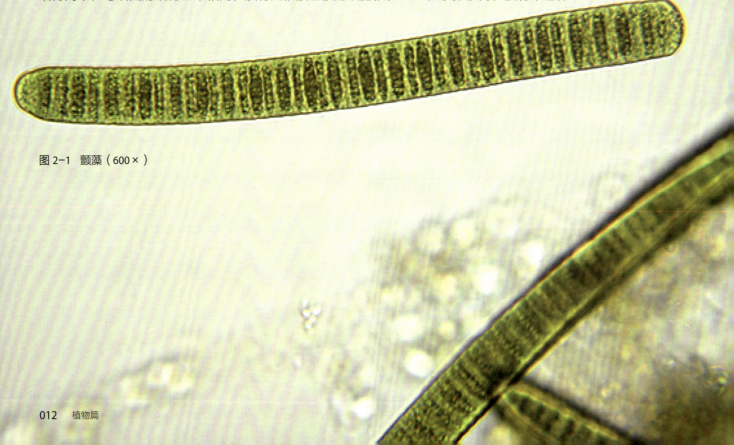

图 2-1　颤藻（600×）

图 2-2 念珠藻

和颤藻一样，念珠藻（图 2-2）也是由一列单细胞组成的丝状体。丝状体常常无规则地集合在一个公共的胶质鞘中，形成球形体、片状体或不规则的团块。细胞呈球形，排列成一串如念珠状，故得此名。

曾经在很长一段时间里，颤藻和念珠藻等被归为蓝藻植物门，后来分类学家发现它们和其他藻类植物有显著的不同：蓝藻没有由核膜包被的细胞核，属于原核生物，结构与细菌相似，在进化中出现较早；而其他藻类植物有由核膜包被的细胞核，属于真核生物，在进化上出现较晚。最终，蓝藻被改名为蓝细菌，并从植物归为原核生物。

虽然蓝藻是"假"的藻类植物，数量过多会破坏环境，但它又是公认的为地球的氧气含量做出重要贡献的生物。不仅如此，它似乎还与真正藻类的进化关系重大。有科学家提出内共生学说，认为能进行光合作用的藻类植物是由吞噬了蓝藻的原始真核细胞演化而来的：一个古老的蓝藻细胞与一个原始的真核细胞共生，经过漫长的过程，最终形成了具有真正细胞核和叶绿体的藻类植物。

目前世界上约有 3 万余种藻类植物，"绿水"中最常见的藻类植物是绿藻。

绿藻

绿藻（图2-3）是绿色藻类植物的统称，属于真核生物。它们结构简单，没有根、茎、叶的分化，但是体形多样，多为单细胞群体（由许多单细胞聚集而成，细胞没有紧密的生理联系）或多细胞的丝状体及叶状体。

绿藻的细胞中有一至多个细胞核，具有像高等植物一样的液泡和叶绿体，叶绿体中的色素也与高等植物相同，主要有叶绿素a、叶绿素b、胡萝卜素和叶黄素。

叶绿体吸收太阳光可非同一般，它能启动一个了不起的化学反应——光合作用。这个化学反应能够将简单的无机物（二氧化碳和水）转变成糖类等有机物并释放氧气，同时将太阳能转换成化学能为生命活动供能。虽然科学家不断地研究发现其过程和原理，但是至今还有许多未解之谜，没有人能制造出模拟光合作用的装置。

光合作用发生的场所是叶绿体，不同绿藻的叶绿体功能相近，但是形态各异。

藻类大多数是绿色的，也有一些是红褐色和黄色的，那是因为它们的叶绿体中含有较多的叶绿素，其次是叶黄素和胡萝卜素等。那么叶绿素为什么是绿色的呢？

叶绿素主要吸收太阳光中波长短的蓝紫光和波长长的红橙光，中间波长的绿光不被吸收利用，就反射回空气中了。当我们眼睛的视细胞接收到绿光，转换成电信号传入大脑皮层时，就能感知到"绿色"。

这样一来，湖泊的颜色之谜就解开了。透入湖泊中的太阳光，受水分子、水中悬浮物质和生物的选择吸收及反射等，使水呈现不同的颜色。

每种绿藻生活的环境各不相同，因此，可以把绿藻看成是水环境监测的指示生物。有一种绿藻状如细丝，称丝藻。丝藻是多年水生植物，种类繁多，海水淡水皆有分布，喜欢在低温水域生长。淡水里的丝藻，主要分布在干净的溪流、山泉流水或水流流过的石头和水生植物上。由此可见，丝藻天然的生长环境，几乎都是未受人为污染或污染度极低的流动水域，因此丝藻被视为水质良好的指示生物。

图2-3 绿藻

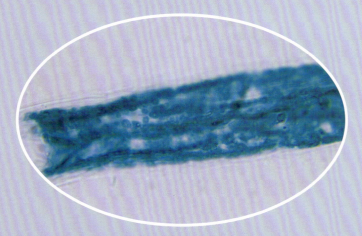

图 2-4 刚毛藻（600×）

同样是丝状的刚毛藻（图 2-4），集结生长时看起来很像个莫斯球。细胞呈长筒形，细胞壁厚，叶绿体为网状，细胞核有多个。刚毛藻属于高等藻类，其体内所含有的叶绿素与高等植物是一样的，它对于低 CO_2 的适应能力很强，当水中 CO_2 不足时，很快就能利用 HCO_3^- 作为碳元素的来源，因此刚毛藻被视为低 CO_2 的指示生物。

最后登场的是绿藻中的明星植物——水绵（图 2-5）。德国科学家恩格尔曼用水绵证明了光合作用的场所是叶绿体。水绵在水中呈片状或团状，藻体表面有较多的果胶质，用手触摸时颇觉黏滑。它是由一列圆柱状细胞连成的不分枝的丝状体，特别之处在于它的叶绿体。

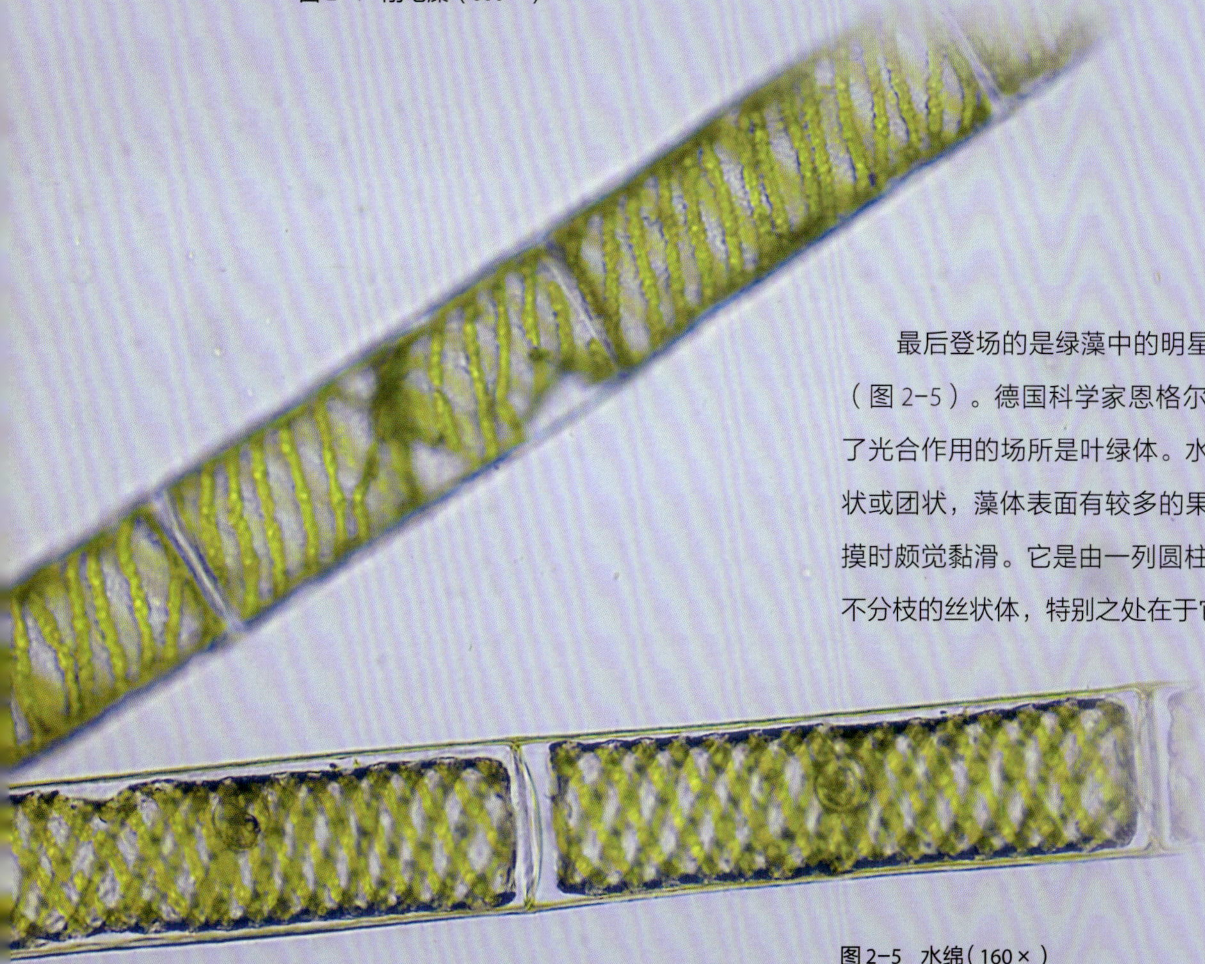

图 2-5 水绵（160×）

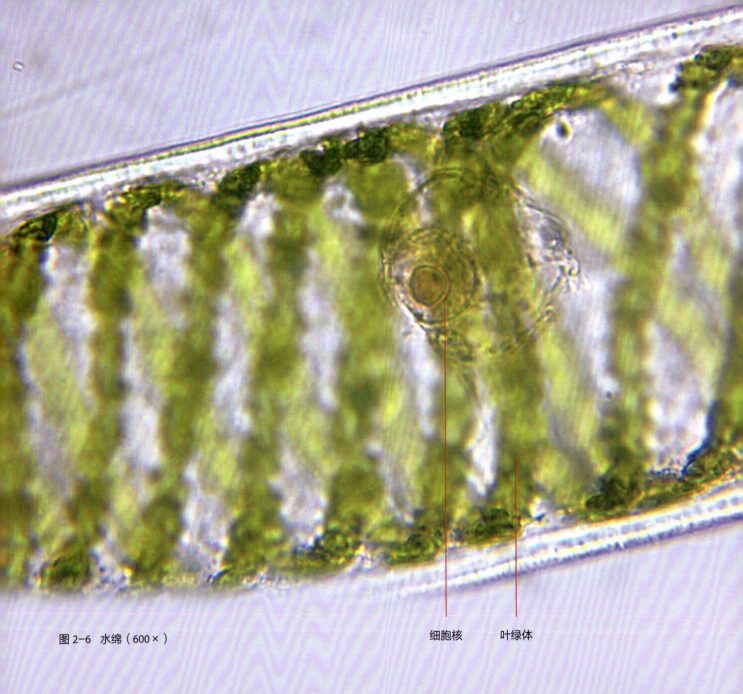

图 2-6 水绵（600×）　　　　　　　　　　　　　　　　　　　　　　　细胞核　叶绿体

在显微镜下，可以清晰地看见水绵（图 2-6）的每个细胞中都有一至多条带状的叶绿体，呈双螺旋筒状绕生于紧贴细胞壁内侧的细胞质中。带状的叶绿体增加了阳光的接受面积，有利于光合作用更高效地进行。水绵细胞中央有一个规则的球形结构，这就是由核膜包被的真正的细胞核，我们把具有这种细胞核的生物称为真核生物。

在观察水绵时，你可能会发现这样的情形：两条丝状体平行靠近，在两个细胞相对的一侧相互发生突起，突起逐渐伸长而接触，接触的壁消失，连接成管。接下来水绵就要进行接合生殖了，你不要太惊讶，这竟然是有性生殖的一种方式（图 2-7）。在进行接合生殖时，两条丝状体连接的管称为接合管。这时，细胞中的原生质体放出一部分水分，收缩形成配子。第一条丝状体细胞中的配子，以变形虫式的运动，通过接合管移至相对的第二条丝状体的细胞中，并与细胞中的配子结合。接合后，空的那条丝状体称为雄性，而接受配子形成合子的那条丝状体称为雌性。接下来合子分泌产生厚壁，雌性藻体死亡崩解后，合子沉入水底休眠。一旦条件适宜，合子会经过减数分裂产生四个细胞，其中三个细胞退化无法发育，只有一个细胞发育成一条新的水绵丝状体。你是否会联想到卵原细胞经减数分裂形成卵细胞的过程？

图 2-7 水绵的接合生殖（150×）

地球上的原始生命不仅创造了光合作用，改变了地球大气的组成成分，为生物多样性奠定了物质基础和能量基础，也为生命形式向高级发展做出了初步探索。

03 单细胞藻类生命的演变

自地球上出现藻类以来，经历了漫长的岁月，直到6亿年前，它仍是当时地球上唯一的绿色植物，人们称此时期为地球生物史上的藻类时代。它们制造氧气，氧气遇到紫外线变成臭氧，最终形成臭氧层，而好氧生物的产生能更高效地利用能量。

没有人能亲眼看见藻类在几十亿年中的发展，科学家们通过各种化石证据来推测演绎，发现了各门之间和各门之内的进化关系，都是按照由单细胞到多细胞、由简单到复杂、由低等到高等的顺序在演化和发展。

我们不妨尝试通过显微镜观察，来寻找多细胞生命诞生的奥秘！

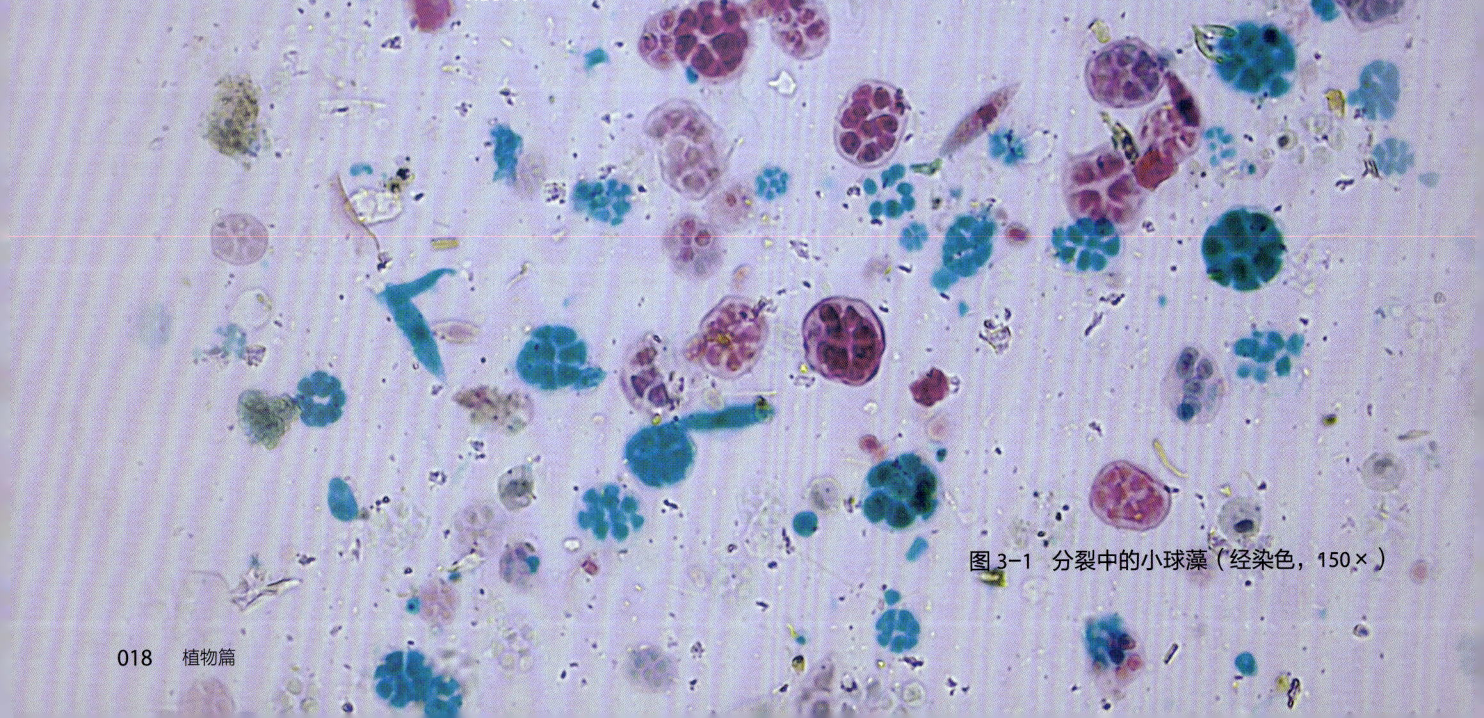

图 3-1 分裂中的小球藻（经染色，150×）

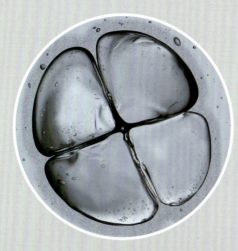

图 3-2 受精卵分裂

小球藻（图 3-1）是一种球形单细胞淡水藻类，直径 3~8 微米，是地球上最早的生命之一，出现在 20 多亿年前，以光合自养方式生长繁殖，分布极广。无性生殖时，原生质分裂形成 2、4、8、16 个似亲孢子，母细胞壁破裂时，释放出的每一个孢子都成为一个新的植物体。这样的特点会让你想到受精卵的分裂吗（图 3-2）？受精卵早期进行的快速有丝分裂，一个分裂成两个，两个分裂成四个……

两者的区别就在于，受精卵分裂后的子细胞不分开成为一个多细胞生物，而小球藻的每个子细胞都成为一个独立的单细胞生物。

也有多个细胞连在一起的藻类，真是令人惊叹！

栅藻通常由 4~8 个细胞组成，有的则有 16~32 个细胞，群体细胞彼此以其细胞壁上的凸起连接形成一定形状的群体，呈栅栏状（图 3-3）。盘星藻的细胞壁彼此相连，辐射状排列在一个平面，像发射出光芒的星星状盘子（图 3-4）。这种群体细胞的形式有了多细胞生物的雏形。

栅藻和盘星藻不但有视觉上的艺术之美，大家有没有发现 4、8、16、32 的数学之美？这些数字蕴含着什么秘密呢？原来是细胞分裂的几何级增长规律。

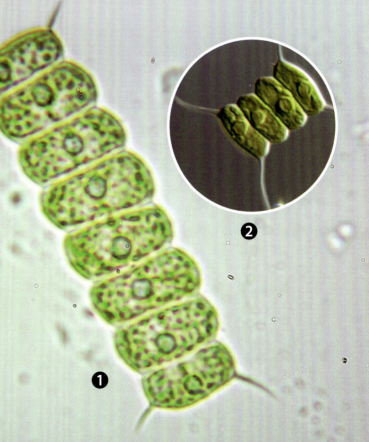

图 3-3 栅藻（① 8 细胞，600×；② 4 细胞，600×）

03 单细胞藻类生命的演变

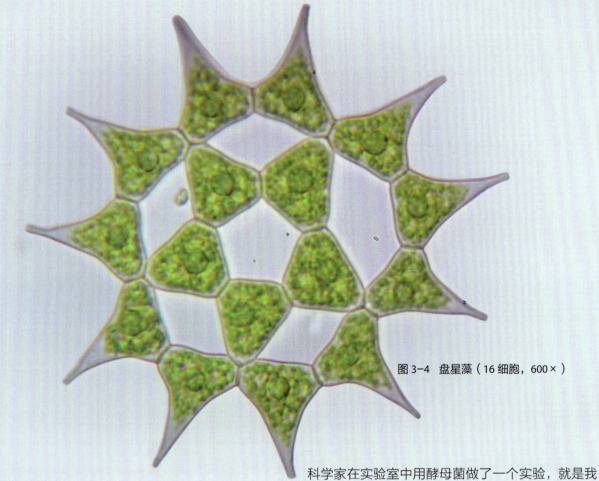

图 3-4 盘星藻（16 细胞，600×）

科学家在实验室中用酵母菌做了一个实验，就是我们平时做包子和面包时用到的酵母菌，它是单细胞真菌，细胞呈球状或椭球状，主要以出芽生殖的方式进行繁殖。科学家改变了酵母菌 DNA 上的一个基因位点，让它只分裂不分离，最后，这种单细胞生物竟然变成了一种多细胞形态（图 3-5）。

在地球生命演化的进程中，多细胞生命形态的出现可能也是因为一次基因突变的偶然事件。这一猜测通过现代生物基因测序已被证明：在整个生物演化历程中，多细胞生命形态至少独立出现过 46 次。也就是说今天地球上多细胞生命的来源至少有 46 个相互独立的源头。

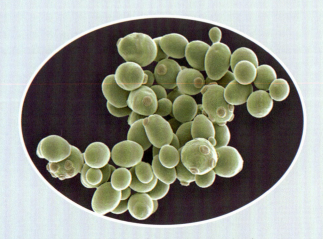

图 3-5 酵母菌（出芽生殖和分裂生殖）

如果说单细胞生物由于基因突变这种小概率事件变异成多细胞生物,那么多细胞生物之所以能存活并繁衍后代,一定是自然的必然选择。多细胞生物有什么优势呢?记得内共生学说吗?一个单细胞生物"吃了"一个能进行光合作用的原核细胞,并没有把它消化掉,而是一起共生,"捕食者"演化成了真核生物,"被捕食者"变成了叶绿体。无独有偶,"捕食者"也会"吃了"一个能进行有氧呼吸的原核细胞,这个"被捕食者"慢慢就演变成了线粒体,线粒体是"动力工厂"(图3-6)。由于细胞中含有线粒体,能产生更多的ATP(腺苷三磷酸,生命的直接能源物质),其个头越来越大,"弱肉强食"同样适用于单细胞生物世界,个头大就意味着具有更强的吞噬能力,与此同时降低了被吞噬的风险。然而个头的增大是有极限的,太大不利于细胞膜和外界进行物质交换。此时,细胞分裂后不分离的多细胞形态优势就显现出来了,以数量取胜。

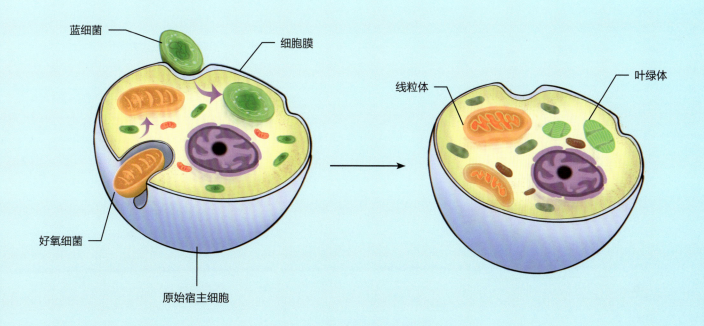

图 3-6　叶绿体和线粒体的形成模式图

科学家做了这样的实验，在小球藻培养液中放入它的捕食者鞭毛虫，短短一个月，小球藻的繁殖大概经历了10~20代，它的似亲孢子不再被释放，而是以8个小球藻紧紧靠在一起的多细胞形态生活了。为什么不是2、4、16个呢？因为8个小球藻生活在一起的多细胞体积刚好超过天敌鞭毛虫，由衷地钦佩自然界的法则（图3-7）。

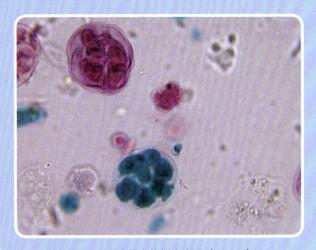

图3-7 小球藻中的似亲孢子（600×）

至此，你是否觉得单细胞藻类的演化就此达到巅峰了呢？

单细胞衣藻有着另一种生存智慧。衣藻前端有两条等长的鞭毛，能游动。鞭毛基部有两个伸缩泡，且在细胞的近前端有一个红色眼点。载色体呈大型杯状，有一枚淀粉核。这些生理结构让它具备了初步的趋光运动性。个头小，但是能灵活地游动，这也是一种躲避天敌的生存策略，当然这还是得益于能产生更多ATP的线粒体（图3-8、图3-9）。

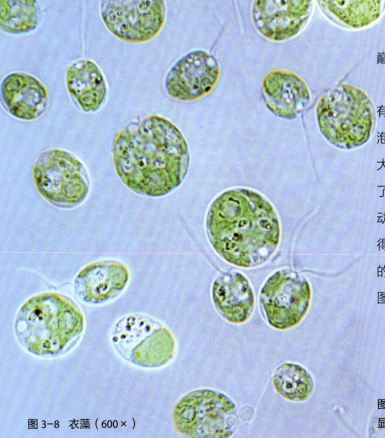

图3-8 衣藻（600×）

图3-9 衣藻（电子显微镜照片）

有一种单细胞生物,具备以下特点,如果你是分类学家,会把它分在植物还是动物大家庭呢?

借助鞭毛的摆动进行运动;

红色眼点的红色来自胡萝卜素和血红素;

眼点处于光源和光感受器之间,是"遮光物"。

有光条件下进行光合营养,通过叶绿体进行光合作用,制造有机物,并能利用光合作用产生的氧气进行呼吸作用。

无光条件下进行渗透营养,通过体表吸收水中的有机物,以及水中的氧气进行呼吸作用,排出二氧化碳。

有胞口,可以排出体内过多的水分。

图 3-10 裸藻或眼虫(600×)

这种单细胞生物是裸藻。如果说衣藻依然还是植物的话,那么裸藻就是一类介于动物和植物之间的单细胞真核生物。在植物学中称为裸藻,也称绿虫藻;在动物学中则属于原生动物门,鞭毛纲,眼虫科。它体形小,呈长梭形。前端钝圆,后端尖削,中央有一个大的细胞核。眼虫通常因含大量卵圆形的叶绿体而呈绿色。有2条鞭毛,1条自胞口伸出,活动的时候常常摆动(图3-10)。

科学研究表明,生命在最初阶段是单细胞形式,引起多细胞化或往动物方向的演化,其主要目的都是为了节省能量、生存与繁衍。

04 植物王国的"小矮人"
——苔藓植物

"苔痕上阶绿,草色入帘青。"这是唐代诗人刘禹锡描述自己陋室所处的生境。苔藓就是生活在阴暗潮湿角落的、矮小丛生的绿色植物,高只有几毫米到几十厘米。生长在新西兰的巨藓是目前世界上最大的苔藓植物,最高也只有50厘米。而世界上最高的被子植物——澳大利亚的杏仁桉,最高可达156米。

苔藓植物是植物王国中的"小矮人",虽然长得矮,但是它是植物界从水生向陆生过渡的重要类群,是名副其实的"先锋植物"和大自然的"拓荒者"。苔藓植物的种类十分丰富,全世界约有23 000种,中国约有3 460种。苔藓植物的分布十分广泛,除海洋以外,几乎分布在地球上的每个角落。在南方城市中,经常可以在草坪、花坛、岩石、水泥缝隙、街沿、墙隅和树上见到它们的身影(图4-1)。

图 4-1 城市生境中的苔藓

苔藓植物体内的水分含量能随着环境条件的改变而变化，因而具有极强的耐旱能力。即使在经历长期的干旱后，遇水也能快速恢复生机。苔藓植物群集生长呈团块状，蒸腾作用小，对低温和强风有很强的抵御能力（图4-2）。

图4-2 藓类植物的整体观察（60×）

苔藓的结构简单，有类似茎、叶的分化，叶中没有叶脉，茎中无导管和筛管，根非常简单，称为假根。苔藓又可分为苔类和藓类，其中藓类更高等些。下面请跟随显微镜的镜头一窥苔类和藓类植物的细微差别。

藓类植物的叶片多为一层细胞。由于体表没有角质层，空气或雨水中的污染物较容易被它直接吸收，如空气中的二氧化硫等有毒气体可以从背腹两面侵入细胞，从而威胁其生存。因而它常作为环境污染的指示植物。

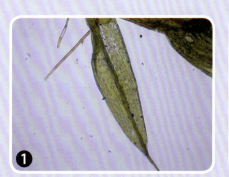
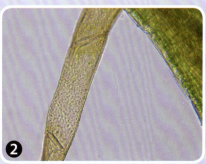

图4-3 藓类植物的假根（① 60×；② 600×；③ 150×）

苔藓植物的假根由一列细胞组成，呈棕色，内无中柱（图4-3）。相对藻类植物而言，苔藓植物的假根不但有利于水分和养分的吸收及运输，而且加强了植物体的支撑和固着能力，更适应陆生生活。

在显微镜下观察会发现，苔藓植物的叶边有不同的形态，有些是全缘，有些具有锯齿，锯齿的大小和形态也不同（图4-4、图4-5）。

图4-4 苔藓植物叶边的形态
（①全缘叶，60×；②细锯齿，60×）

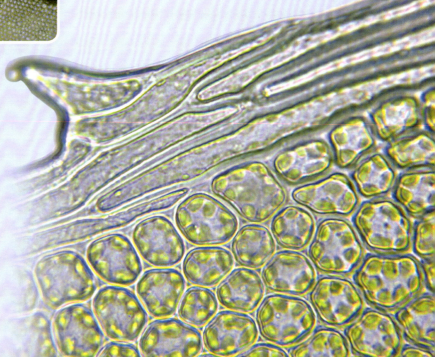

图4-5 苔藓植物的细锯齿叶边（600×）

026 植物篇

藓类植物的叶肉细胞形状有方形、圆形、长条形、六边形、长六边形……叶肉细胞内含有圆球形的叶绿体（图4-6、图4-7）。

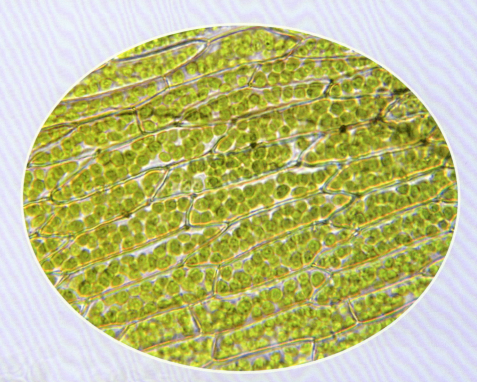

图4-6　长方形或六边形的叶肉细胞，含球形叶绿体（600×）

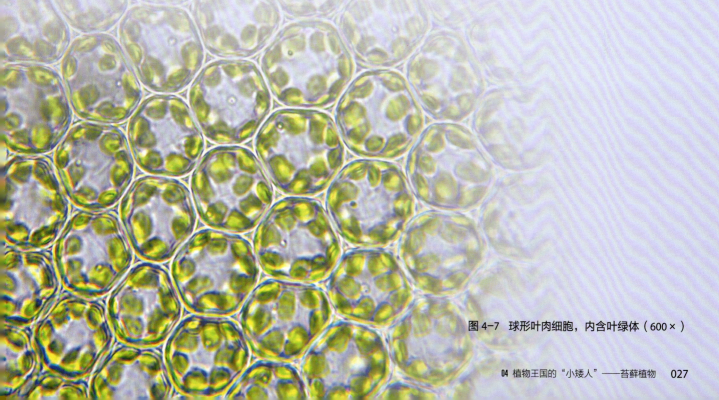

图4-7　球形叶肉细胞，内含叶绿体（600×）

苔藓植物具有中肋，是叶片中部形成的分化细胞群，类似于维管植物的叶脉。这使其有适应陆生生活的两方面优势：一方面为叶提供水分和无机盐，输送光合产物，另一方面又支撑着叶片，使其具有伸展于空间的可能（图4-8）。

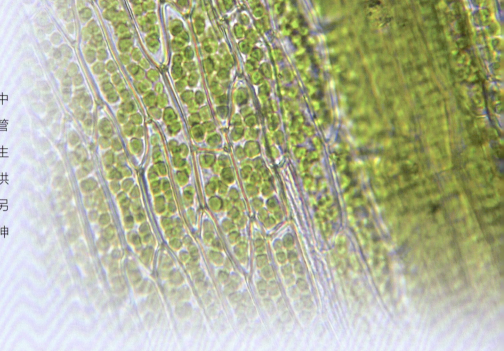

图 4-8　苔藓植物的中肋（600×）

苔类植物体积较大，像平铺在地面上、前端分叉的叶状体，由多层细胞组成，观察上表皮可以看到一个个六边形，这不是一个细胞，而是由多个细胞组成的气室，气室中央的白点是气孔，气孔的周围由数个细胞构成烟囱状，没有闭合能力（图4-9、图4-10）。

图4-9 苔类植物叶上表皮的六边形气室（60×）

图4-10 苔类植物叶表皮气孔（①保卫细胞，150×；②烟囱状气孔，150×）

关于苔藓植物的来源问题，目前尚无一致的意见，有人认为起源于绿藻，其理由为：含有相同种类的光合色素；相同的有机物储藏形式——淀粉。苔类植物的叶状体匍匐在潮湿的地表，它的祖先很可能就是最早成功登陆的藻类植物。

另一种观点认为：苔藓是由裸蕨植物（已灭绝）退化而来的，裸蕨植物出现于志留纪，而苔藓植物出现于泥盆纪中期，要比裸蕨植物晚数千万年（图4-11）。

但是，上述两种观点至今还缺乏足够的证据，有待于进一步研究。美国《国家科学院学报》月刊刊登的研究报告称，约4.7亿年前，苔藓类植物在地球上迅速蔓延，成为地球上首个稳定的氧气来源，依赖氧气的生命才得以蓬勃发展。

那么，苔藓植物会开花吗？它是怎么在陆地上繁殖的？

图4-11 裸蕨植物模式图

05 "苔花如米小"
——苔藓的孢子体

"白日不到处,青春恰自来。苔花如米小,也学牡丹开。"

——《苔》清·袁枚

袁枚的这首励志五言不知激励了多少人的斗志,陪伴多少人昂首自信地走过青春。苔花虽小,也可以自信地绽放!我们总把自己比作米一般大小的苔花,那么你见过真正的苔花吗?

苔花是苔藓植物的花吗?

其实不是！苔藓植物是没有花这一器官的，袁枚笔下绽放的"苔花"其实是苔藓植物的孢子体（图5-1）。

图 5-1　具孢子体的小石藓（20×）

小石藓的孢子体肉眼所见为棕红色，在显微镜下鲜艳亮丽，真的宛若一枝待放的花朵（图5-2）。

图 5-2　小石藓的孢子体（①孢蒴，60×；②蒴盖开裂，150×）

藓类植物的孢子体是受精作用形成的合子经过分裂、发育而成的，需要着生在配子体上，不能独立生活。孢子体由蒴足、蒴柄和孢蒴三部分组成，其中蒴足可以伸入配子体的组织中吸收养分，以供孢子体生长；蒴柄在蒴部发育之前便已形成，因此蒴柄一般很硬，起到很好的支撑作用；孢蒴又称为孢子囊，能产生大量孢子（图5-3）。

图 5-3　藓类植物的孢蒴
（①蒴帽脱落，蒴盖开裂，150×；②蒴帽未脱落，60×）

孢蒴外有蒴帽和蒴盖保护，蒴帽和蒴盖脱落后会露出蒴齿，是由一圈厚壁细胞组成的环带。暴露在空气中的蒴齿随空气干湿度的变化而伸屈或变形，孢蒴中的成熟孢子被蒴齿弹出（图5-4）。

藓类植物的孢子呈黄色或者橙色。

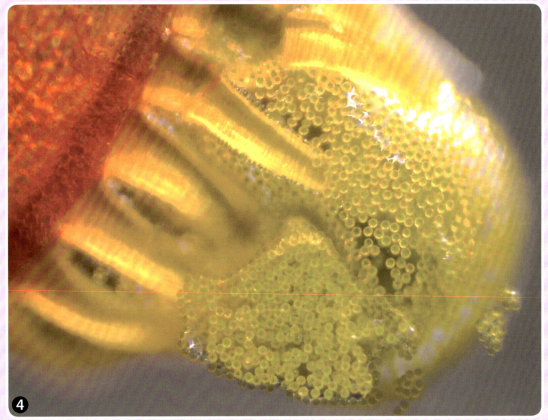

图 5-4　藓类植物的蒴齿

（①蒴齿正面观，600×；②蒴齿侧面观，150×；③成熟孢子从蒴齿释放，150×；④成熟孢子从蒴齿释放，600×）

一旦孢子成熟后，孢蒴的蒴帽掉落，蒴盖自然打开，孢子就随风四处飘散，或草地上，或岩石上，或树干上，在适宜的环境中萌发成丝状体，形如丝状绿藻类（图5-5）。

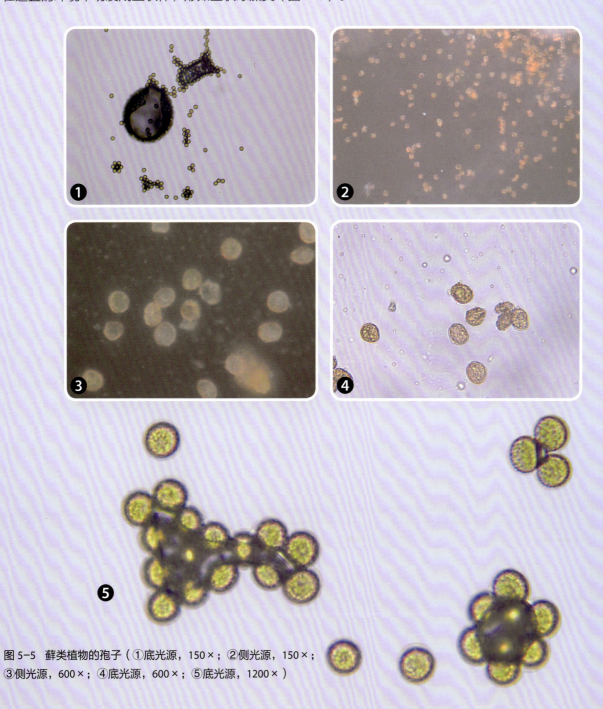

图 5-5　藓类植物的孢子（①底光源，150×；②侧光源，150×；③侧光源，600×；④底光源，600×；⑤底光源，1200×）

苔藓植物生活史中这种孢子体和配子体在形态、大小、结构和独立生活等方面均有区别的现象，叫作不等世代型的世代交替。苔藓植物的配子体在世代交替中占优势，孢子体占劣势，并且寄生在配子体上，这一点是它与其他陆生高等植物的最大区别。

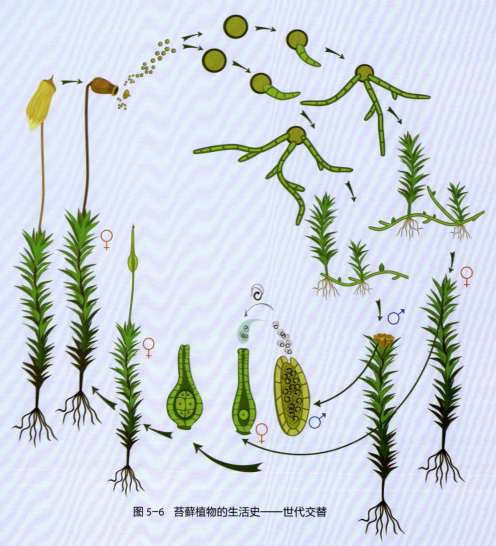

图 5-6　苔藓植物的生活史——世代交替

就这样，如米般小巧的"苔花"（孢子体）发育、成熟、释放孢子、孢子飘散、着陆、萌发……一代又一代。苔藓植物以这样的世代交替方式生存，被誉为自然界的"拓荒者"，哪怕是坚硬的岩石，在它的作用下也会变成松软的土壤，以供其他植物生存。它是其他植物的开路先锋，不仅如牡丹般绽放出自信，更是在群落演替的过程中默默无闻地做出巨大贡献（图 5-6）！

06 蕨类植物叶下探秘
——孢子囊和孢子

《诗经》中所述"陟(zhì)彼南山，言采其蕨"，将蕨类植物作为一个特殊的文化符号。"何州有隐逸，河山富薇蕨""处处儿童采蕨，纷纷幽鸟营巢"，这是人们借蕨类植物表达了对美好田园生活的向往。

蕨类植物又称羊齿植物，距今已有3亿多年的生存历史，全世界约有1.2万种。它们有根、茎、叶的分化，不开花，不产生种子。蕨类植物虽然没有美丽的花朵，但凭借别具一格的优美姿态，赢得了"无花之美"的赞誉。

当你不经意间翻看蕨类植物叶的背面时，有可能看到其孢子囊群（图6-1）。

图 6-1　肾蕨叶背面的孢子囊群

蕨类植物成熟时常常在叶的背面形成许多孢子囊群，孢子囊群含有多个孢子囊，每个孢子囊里含有很多个孢子（一种生殖细胞）。它们主要靠孢子进行繁殖，称为孢子植物。

不同种类蕨类植物的孢子囊群的生长位置不同，常常有规律地排列，组成规则美丽的图案。同一个囊群里的孢子囊有的发育早，有的发育晚或败育，称为混合发育。在有些种类中，败育的孢子囊就成为一种具有保护作用的隔丝（图6-2）。

图6-2 芒萁孢子囊群的发育（①一个"年轻"的孢子囊群，150×；②逐渐成熟，颜色渐深，150×；③孢子囊成熟裂开，并各自分离，150×；④孢子囊脱离后留下金黄色的隔丝，150×）

孢子囊的成熟程度不同，颜色也不同，颜色越深，成熟程度越高。

孢子囊群有的有囊群盖，有的没有（如芒萁）。它主要由叶片表皮细胞分化而来，初时呈绿色，老时呈黄褐色，用以保护孢子囊群。有的囊群盖为薄膜质，有的为厚膜质，其形状和着生方式为分类上的重要标志（图6-3、图6-4）。

囊群盖

图6-3　毛蕨孢子囊群的发育（①一个"年轻"的孢子囊群，外壁为薄膜质囊群盖，150×；②孢子囊逐渐成熟，囊群盖颜色变深，150×；③成熟的孢子囊群，囊群盖反卷，暴露孢子囊，150×）

图 6-4　华南毛蕨孢子囊群的发育（①②"年轻"的孢子囊群，薄膜质囊群盖，150×；③孢子囊逐渐成熟，囊群盖颜色变深，150×；④成熟的孢子囊群，囊群盖反卷，150×）

金星蕨孢子囊的囊群盖中等大，呈圆肾形，厚膜质，背面疏被灰白色刚毛（图 6-5）。

囊群盖

图 6-5　①金星蕨孢子囊的厚膜质囊群盖（30×）；②囊群盖疏被灰白色刚毛（100×）

海金沙的孢子囊群呈穗状，囊群盖呈鳞片状，卵形，每盖下生一卵形的孢子囊（图 6-6）。

图 6-6　海金沙的孢子囊穗（①囊群盖呈鳞片状，30×；②囊群盖半包裹成熟裂开的孢子囊，60×）

当孢子囊成熟后，就会裂开释放孢子。孢子囊是怎样裂开的呢？原来，孢子囊有非常精巧的结构，令人惊叹！

蕨类植物的孢子囊分为厚囊类和薄囊类两种。孢子囊壁由多层细胞构成，属于厚囊类。孢子囊壁由一层细胞构成，属于薄囊类，此类孢子囊壁具有各式发育完全的环带。环带由数个到数十个 U 形加厚细胞和多个扁平的薄壁细胞（包括唇细胞）组成，环绕囊壳（图 6-7）。

图 6-7　毛蕨孢子囊的环带（示 U 形细胞、唇细胞，400×）

06 蕨类植物叶下探秘——孢子囊和孢子

根据孢子囊环带的形态，主要分为顶生环带（①）、横行中部环带（②）、斜行环带（③）和纵行环带（④）。环带的形态也是蕨类植物分类的依据之一（图6-8~图6-11）。

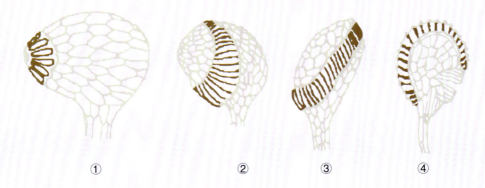

图6-8 孢子囊的环带
①顶生环带（海金沙属）； ②横行中部环带（芒萁属）； ③斜行环带（金毛狗属）； ④纵行环带（水龙骨属）

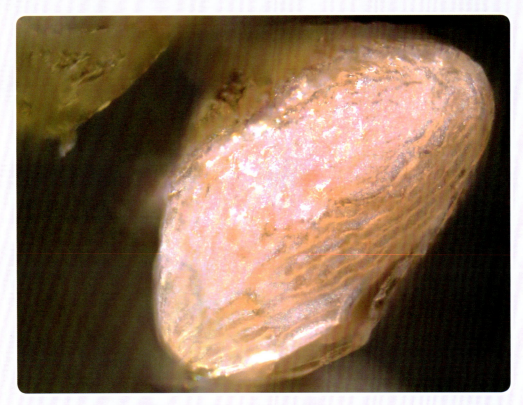

图6-9 海金沙孢子囊的顶生环带（150×）

横行中部环带

图 6-10 芒萁孢子囊的横行中部环带（360×）

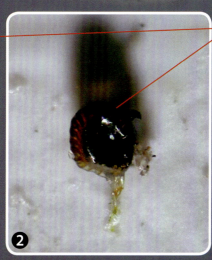

纵行环带

图 6-11 纵行环带（①金星蕨孢子囊，400×；②华南毛蕨孢子囊，100×）

06 蕨类植物叶下探秘——孢子囊和孢子

当孢子囊成熟时，由于环带的U形细胞失水收缩而产生的拉力，唇细胞被拉开，环带继续反转，到了极限便突然将孢子弹射出去，空的孢子囊恢复到原来的位置（图6-12~图6-14）。

图6-12　芒萁环带失水收缩，孢子囊从中部裂开（150×）

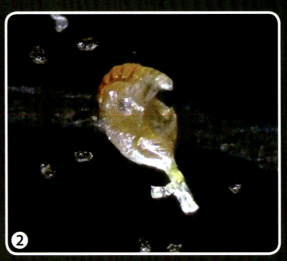

图6-13　孢子囊从中下部裂开（①华南毛蕨，100×；②金星蕨，100×）

图 6-14 肾蕨裂开的孢子囊，可见孢子（130×）

华南毛蕨和金星蕨等蕨类植物的孢子囊释放孢子后呈透明状，就像一件精美的艺术品（图 6-15）。

图 6-15 空孢子囊群（①华南毛蕨，60×；②毛蕨，100×）

微小的孢子弹射出去后散落在各处，遇到适宜的环境就会萌发。

蕨类植物的孢子主要分为两种：异型孢类和同型孢类。雌雄异株蕨类植物的孢子多为异型孢类，孢子有大、小之分；绝大多数蕨类植物属于同型孢类，孢子的形态和大小相同。同型孢子的形状常为两面型、四面型或球形四面型，外壁光滑或有脊及刺状突起或有弹丝（图6-16、图6-17）。

图6-16　同型孢子的类型
①两面型（两侧对称、单裂缝）：肾形；②~④四面型（辐射对称、三裂缝）：钝三角形，球形

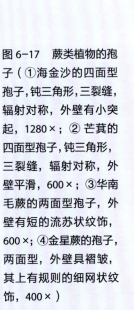

图6-17　蕨类植物的孢子（①海金沙的四面型孢子，钝三角形，三裂缝，辐射对称，外壁有小突起，1280×；②芒萁的四面型孢子，钝三角形，三裂缝，辐射对称，外壁平滑，600×；③华南毛蕨的两面型孢子，外壁有短的流苏状纹饰，600×；④金星蕨的孢子，两面型，外壁具褶皱，其上有规则的细网状纹饰，400×）

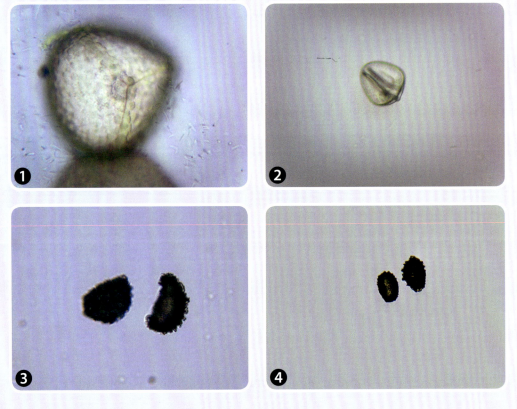

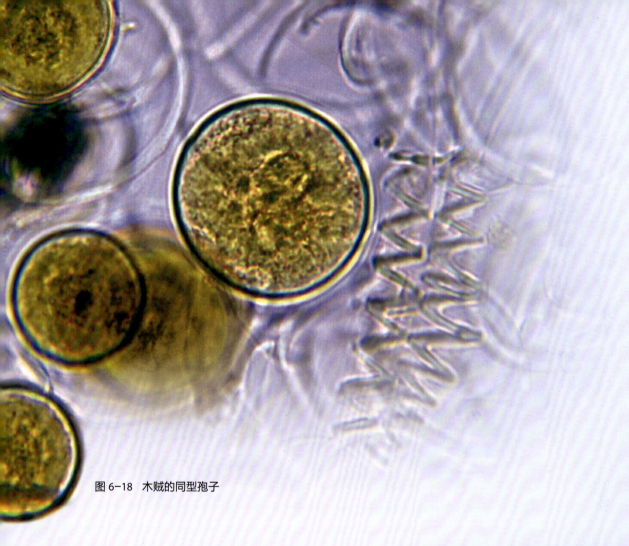

图 6-18 木贼的同型孢子

木贼的孢子同型,最外面的一层壁为孢子外壁,分裂形成四条螺旋状弹丝包围着孢子,弹丝具有干湿运动,有助于孢子囊的开裂和孢子的散出(图 6-18)。

蕨类植物的生活太有趣了!

"无花之美"的蕨类植物果然不负盛名,连小小的孢子囊和孢子都那么美!不得不佩服大自然这位"魔法师",给每种生物赋予了那么多种独特而强大的生存技法!

期待你去发现更多的奥秘,做有心人,过精彩生活!

07　松柏抵御严寒的奥秘

《论语·子罕》中，子曰："岁寒，然后知松柏之后凋也。"这里的"后凋"意思是"迟迟不凋落"。用现代汉语解释，孔子说："（到了）一年之中最寒冷的季节，才知道松树和柏树是迟迟不会凋落的。"中国传统文化常用松柏象征坚强不屈的品格，并把松、竹、梅誉为"岁寒三友"。

时光流转，北国四季更替时，大部分植物要更换自己的色彩，嫩绿、翠绿、金黄，直至寒冬时节，叶子纷纷落下，只剩光秃秃的枝丫，我们称这些树木为落叶树。与众不同的是，有一些植物在寒冷来临时，依然倔强地拉紧自己的"外衣"，保持自己的色彩，这些植物统称为常绿树，如松树和柏树。

叶的奥秘

我们常说松柏常青，但是很多人并不清楚松树与柏树的区别。实际上，松树与柏树最显而易见的区别就是它们的叶。柏树的叶片多为鳞叶，而松树的叶片是针叶。

圆柏、侧柏等树的叶是二型，既有鳞叶也有针叶；针叶生于幼树之上，老龄树则全为鳞叶，壮龄树兼有鳞叶与针叶（图 7-1）。

图 7-1　柏树的二型叶（同时具有鳞叶和针叶，30×）

图 7-2　柏树的鳞叶（示油滴，① 60×；② 600×）

通过显微镜观察可见：柏树的鳞叶叶片小，呈鳞片形，层层覆盖，叶片外缘有树脂道，甚至有时候能看到油滴附着在鳞叶上，油脂可以减少热量散失，并且是一种良好的储能物质，以抵御寒冷的天气（图 7-2）。

与柏树不同的是，松树的叶是细长的针叶，尖端尖锐，叶周围有数排白色气孔线，气孔凹陷，以减少水分流失（图 7-3）。

图 7-3　松树的针叶（示白色气孔线，150×）

从松树针叶的横切面来看，有显著的旱生植物特征。表皮上的气孔下陷，有气孔窝，表皮外面有很厚的角质层，细胞排列紧密而整齐，以减少水分蒸腾。叶肉组织只有栅栏组织，没有海绵组织，属于等面叶（叶上表皮和下表皮的组织一样）。叶肉细胞壁向内凹陷，形成嵴状，增大了壁的表面积。叶肉组织内部具有树脂道，这些树脂道可以分泌松树油，俗称松香。树脂滴落埋在地下，发生石化作用，树脂的成分、结构和特征都发生了变化，这就形成了树脂化石，俗称琥珀。如果恰巧在滴落过程中还遇到了昆虫等动物，那么就是一块有研究价值的"生物化石"了。现在树脂是十分重要的化工原料和食品原料，如印刷油墨中的主要成分，制作口香糖的主要原料等。在叶肉组织最里面有一层排列整齐的细胞，它们围成一圈，称为内皮层（图7-4）。

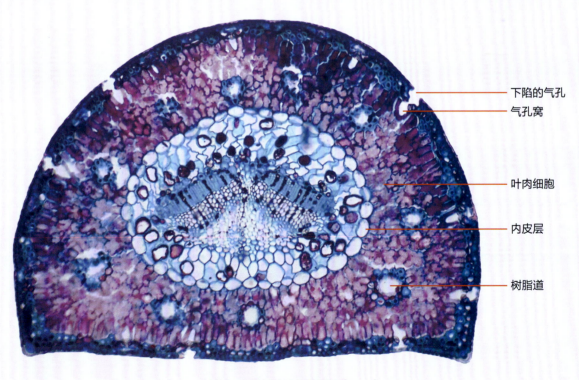

图 7-4　松树针叶的横切面（60×）

观察松叶表皮细胞，在气孔处有两个小的保卫细胞，保卫细胞吸水膨胀时，薄壁的两端膨大，互相撑开，于是气孔开放；缺水时，两端缩小，气孔就闭合。保卫细胞周围有两个副卫细胞。松叶通过保卫细胞来减少水分的蒸腾及热量的散失（图7-5）。与柏树一样，松叶中也有大量油滴分泌，以帮助减少热量散失，抵御低温环境（图7-6）。

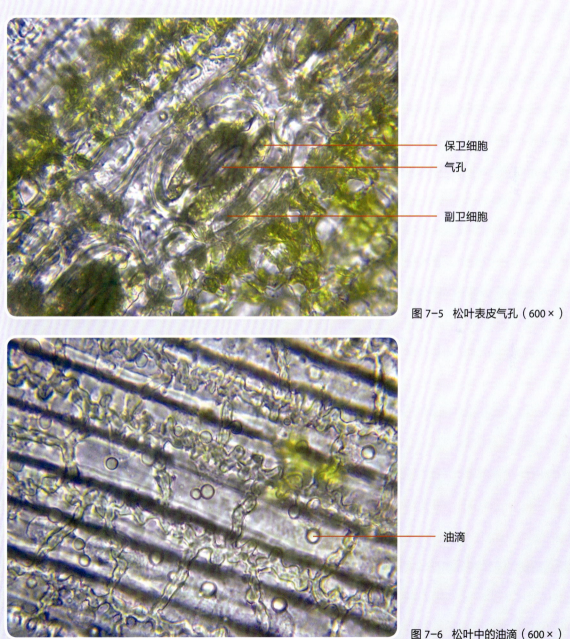

图7-5　松叶表皮气孔（600×）

图7-6　松叶中的油滴（600×）

在自然界，植物抵御严寒有不同的生存策略，"落叶树"的叶脱落，可以防止水分蒸腾并减少新陈代谢；"常绿树"中有阔叶和针叶之分，常绿阔叶树如香樟、黄杨、冬青等，一般革质稍坚硬，叶表面光泽无毛，叶片排列方向与太阳光线垂直，也称为"照叶树"；常绿针叶树如松柏，叶为针形或鳞形，大大缩小了叶片的表面积。常绿树的共同特点是叶表面都有一层蜡质层，可以大大减少水分的蒸发，防止冻伤。

我们常说松柏常青，实际上松柏的叶也并不是一直保持年轻，也会凋零，不过这个过程是比较缓慢的，因此叶的寿命比落叶树的长一些，如松树叶可活 3~5 年，罗汉松的叶可活 2~8 年等。常绿树每年春天都有新叶长出，同时也有部分老叶脱落，但整体上呈现一片绿色，因此被称为常绿树。

茎的奥秘

常绿阔叶树多分布在纬度较低的温暖地区，而在纬度较高的寒冷地区，常绿针叶树的分布更广泛。这里还蕴含着另一个生存智慧。

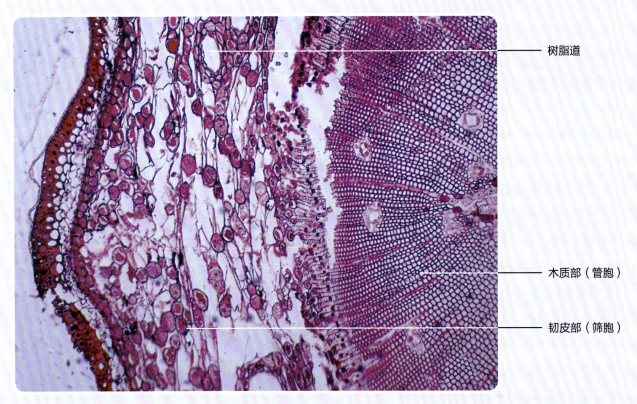

图 7-7　松树茎横切（局部，60×）

松柏属于裸子植物，茎的维管束中没有导管、筛管结构，负责运输水分的是一种叫作"管胞"的假导管。管胞是一个个独立的细胞，纵向重叠连接，运输水分是管胞间接力，不像导管那样对水分的运输"一气呵成"。虽然效率低下，但恰巧有抗冻的优点，就是一旦管胞中的水被冻住，其他管胞依然可以继续接力，而导管中的水一旦被冻住，无论融化与否都会造成水柱断开。管胞代替筛管运输光合作用产生的有机物，也是同样的原理（图7-7、图7-8）。

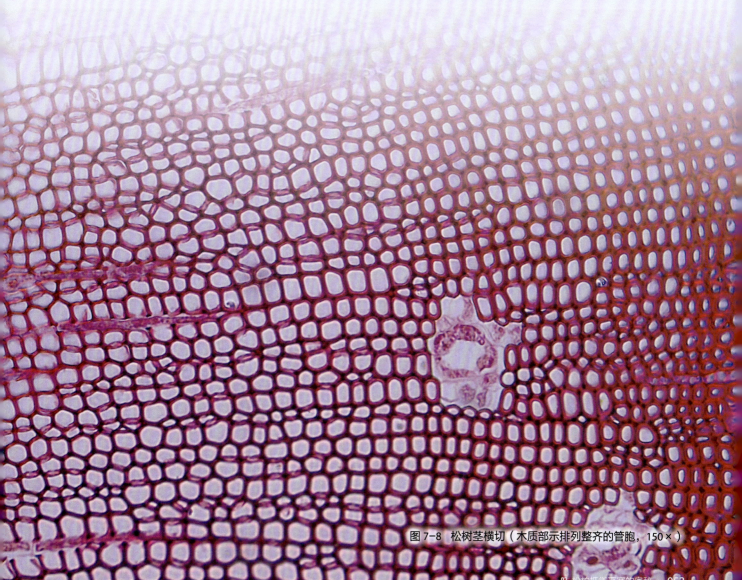

图7-8 松树茎横切（木质部示排列整齐的管胞，150×）

在"10 陆生植物的生存秘诀——维管系统"这个部分，我们将进一步探讨被子植物中负责长途运输水分和养分的输导组织，揭开百米大树中物质运输的奥秘。

花的奥秘

松树新枝（当年生）的顶端着生1~3朵雌球花，基部着生数朵或数十朵雄球花。雄球花和雌球花都长有许多鳞片，呈椭球形。每个鳞片上都有花药或胚珠，胚珠裸露，因此称为裸子植物。

松树在寒冷地区5月份开花，移栽到温暖地区后会提前到4月份开花，花期不明显，时间又很短，不注意的话很容易错过观察。

据统计，全球87%的野生植物依赖昆虫传粉，尽管部分以昆虫为媒介传粉的植物还保留自我授粉的机制。而松树作为裸子植物，没有被子植物那样吸引动物的花蜜，所处寒冷地区的昆虫也没有热带地区丰富，它的解决之道是靠风力。没想到寒风反而成了松树繁殖后代的助力。

松树的花粉两侧突出形成两个气囊，能在空气中飘浮，以便于风力传播。所有风媒花的花粉都很轻，能够传播很远，有气囊的花粉则传播更远。据说有的松树花粉可飞越600多千米到达目的地。

松树受粉在当年春季，来年春季才受精，种子的散出是在第二年秋季。从受粉到形成种子需要一年半的时间，我们秋天捡到的球果（含种子），就是去年春天受粉的结果（图7-9）。

图 7-9 松树花粉（① 被风吹散的花粉；② 600×）

08 植物叶片的营养运输网——叶脉

你曾制作过或收到过叶脉书签吗？世界上没有两片相同的叶子，每片叶子的形状纹理都不完全一样，拥有各自的美丽。一棵植株从种子萌发出子叶、展开嫩叶、枝繁叶茂直至成为落叶，叶脉始终默默承担着它的职责——支撑叶片和运输养分。正是叶脉才成就了这一树繁华。时间毫不留情地带走了叶的表皮和叶肉细胞，只留下叶脉依然述说着大自然的不朽神奇。

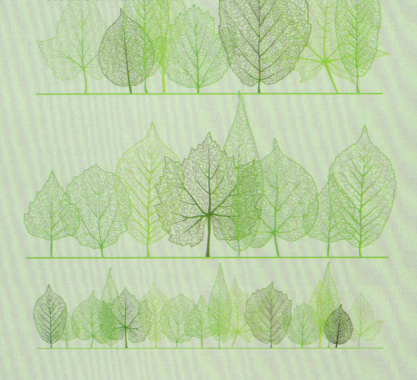

网状脉和平行脉

如果你仔细观察过植物的叶片，相信你一定会对它的叶脉印象深刻。你肯定还能说出两种主要的叶脉纹理：网状脉和平行脉。其实自然界中还存在很多其他类型的叶脉纹理。有些叶脉纹理在显微镜下观察，会呈现出独特的"奇观"，让我们一起来看看吧（图8-1）！

图8-1 叶脉（①网状脉；②平行脉）

叶脉的结构与功能

藻类植物和苔藓植物没有叶脉，只有蕨类植物及以上的高等植物才有叶脉。叶脉分布在叶肉组织中，由输导组织和机械组织构成，起运输和支撑作用。叶脉按其分出的级序及粗细，可分为主脉、侧脉和细脉三种。主脉较粗，最为明显，若一条主脉位于叶片中央，则称为"中脉"或"中肋"，犹如动物的主动脉；侧脉为主脉的分枝，一般较细，犹如动物的小动脉；细脉为侧脉的分枝，较侧脉更细，分布在整个叶片中，且常错综交织，犹如动物的毛细血管。

叶脉具有两种功能——运输和支撑。叶脉里的导管和筛管属于输导组织，其周围也有机械组织。两类组织都有比较厚的细胞壁，尤其是机械组织，细胞壁更厚。机械组织负责支撑叶片，使其舒展利于充分接受光照；输导组织中的导管负责将植物吸收的水分和无机盐运送到叶肉细胞；输导组织中的筛管负责将叶肉细胞制造的有机物运送到其他植物器官。

叶片细胞死亡后，最先腐烂的往往是表皮和叶肉，叶柄和叶脉通常能保留很久。即使昆虫幼虫啃食叶片，有的也是"欺软怕硬"，只吃表皮和叶肉，最后只留下叶的"骨架"——叶脉纹理。我们可以用特殊的方法处理叶片，然后轻轻刷掉表皮和叶肉，从而完整地剥离出整个叶脉纹理，并塑封制成叶脉书签工艺品。

桂花叶片是制作叶脉书签的好材料，因其叶脉中的输导组织和机械组织很发达，容易剥离出整个叶脉纹理。显微图片展示剥离出的桂花叶脉纹理，乍一看好似古典的窗棂。它的主脉向两侧发出许多侧脉，侧脉再分出细脉，侧脉和细脉彼此交叉形成网状，属于典型的网状脉。细脉分枝看似随机，但是几乎填满了整个叶片的平面空间。仔细观察，我们还能看到细脉上更微小的分枝（图8-2）。

图8-2 脱去表皮和叶肉后的桂花叶脉纹理（① 60×；② 150×）

最易直接观察的叶脉纹理——网纹草

顾名思义，网纹草的叶脉交错纵横，就像一张小网。叶脉的主脉和侧脉肉眼清晰可见，这是因为组成主脉和侧脉的细胞及其周围的一部分叶肉细胞中没有叶绿体；而细脉的筛管和导管中虽然没有叶绿体，但因为其较细且穿行在叶肉组织中，所以肉眼很难观察到（图8-3）。

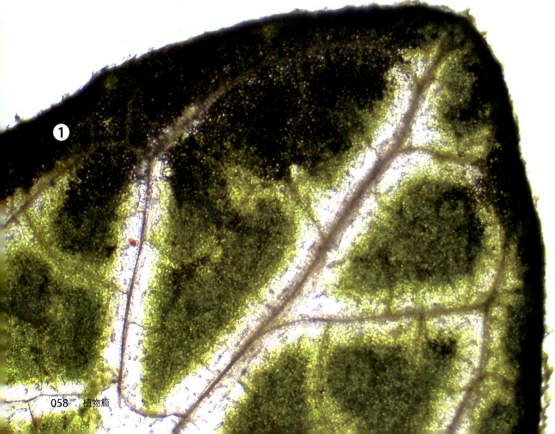

图8-3 网纹草的叶脉纹理
（① 30×；② 150×）

脱色并再染色处理后的叶脉纹理——马齿苋

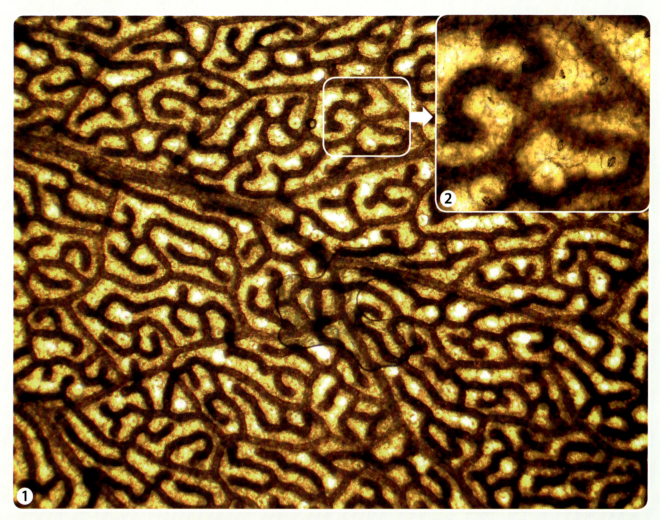

图 8-4　马齿苋的叶脉纹理（① 30×；② 150×）

马齿苋的叶脉纹理可谓特色十足，其细脉走向就像如意祥云，具有一种天然的美感。马齿苋叶片为肉质，机械组织不发达，很难直接观察或剥离出叶脉纹理。但它是 C_4 植物，其特点就是围绕叶脉的一圈维管束鞘细胞中的叶绿体发达，并可通过光合作用产生淀粉，我们利用这一特点，先将叶片浸泡在热酒精中脱色，然后再用碘液染色，即可间接观察到马齿苋的叶脉纹理（图 8-4）。

辐射状叶脉纹理——铜钱草

图 8-5 铜钱草的叶脉纹理（①侧光源，30×；②底光源，30×）

"如荷钱草似非荷，美而不娇碧伞娜"，形容的就是铜钱草。铜钱草的叶片没有主脉（主脉在叶柄上），侧脉呈放射状，细脉分布于侧脉之间，形成纤细的网格。铜钱草的叶脉纹理可以说是辐射状脉和网状脉的"二合一"（图 8-5）。

平行脉纹理——狗尾草

狗尾草属于单子叶植物,具有平行脉,其主脉不明显,侧脉由基部发出直达叶尖,各叶脉平行。图 8-6 为热酒精脱色后的显微照片,依次放大,可以看到一条较粗大的主脉和两侧的侧脉。

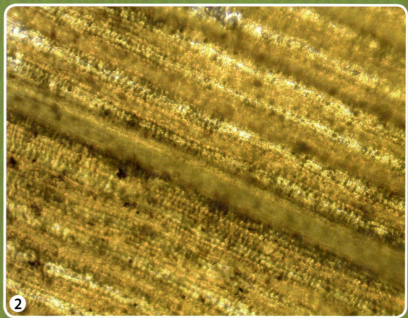

图 8-6　狗尾草的叶脉纹理(①侧光源,150×;②经热酒精脱色,底光源,150×)

08　植物叶片的营养运输网——叶脉

叉状脉纹理——银杏

图 8-7 银杏的叶脉纹理（①叉状叶脉；②刮去下表皮，30×；③热酒精脱色处理，30×）

用"小巧玲珑的宝扇"来形容银杏叶最恰当不过了。但是它比"宝扇"更加精巧的地方就在于其"扇骨"——叶脉纹理，属于单侧放射状并有二叉分枝。从叶片近叶柄处的十余根叶脉开始，往上经过 2~3 次的二叉分枝，到达叶缘处时，叶脉分枝已有近百。这样的分枝保证了每个叶肉细胞都能就近补给营养，还能使整个叶片更加坚挺和舒展。一些低等被子植物、裸子植物和蕨类植物的叶脉有二叉分枝，形成叉状叶脉，是比较原始的叶脉（图 8-7）。

相信你们也对不同类型的叶脉纹理感兴趣，那就一起去广阔的自然界中寻找吧！用显微镜去观察、探索和发现。

09 植物叶片的防御武器
——表皮毛

相信大家都读过鲁班发明锯子的故事，鲁班被一种丝茅草叶划破手指，然后仔细观察发现叶片边缘有很多小细齿，从而受到了很大的启发。你在采集一些花草如狗尾草的花序时，有没有被狗尾草的叶划到过？拿一片狗尾草叶试试，用手从叶基部朝叶尖的方向捋感觉比较顺滑，而反方向捋则感觉比较粗糙，这是为什么呢？狗尾草的叶表面是否也有小"锯齿"，虽然我们用肉眼观察细节很困难，但可以通过数码显微镜一探究竟。

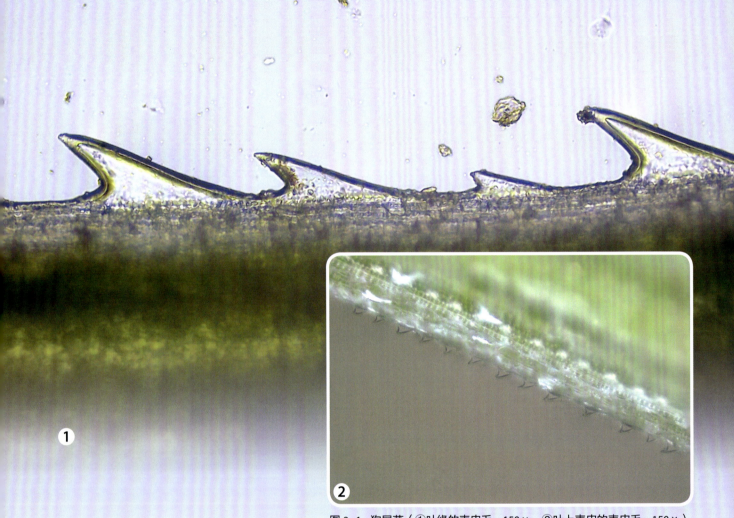

图 9-1　狗尾草（①叶缘的表皮毛，150×；②叶上表皮的表皮毛，150×）

　　这两张显微照片清楚地显示：狗尾草的叶缘和叶表面有很多"小锯齿"类结构。其实它们是叶表面密布的微小表皮毛，且这些表皮毛形成小尖刺，斜着朝向叶尖的方向（图 9-1）。

　　表皮毛是什么？它有什么作用？

　　植物的表皮毛是由表皮细胞发育而成的，广泛分布于陆生植物，是生长在植物表皮组织上的一种特化结构。表皮毛的种类很多，形态多种多样，按细胞组成可分为单细胞毛和多细胞毛；有分枝的多列毛，也有不分枝的单列毛；按其是否具有分泌能力可分为腺毛和非腺毛；按形状分为头状、星状、钩状、鳞片状等。植物各种类型的表皮毛主要起保护作用。

图 9-2　盾叶天竺葵叶上表皮的表皮毛（①侧光源，60×；②底光源，150×；③侧光源，150×）

图 9-2 为我们展示了盾叶天竺葵叶的表皮毛，可以看到它由 1~5 个透明细胞单行排列而成，表皮毛基部的细胞与周围一圈表皮细胞相连，这些细胞构成扎实的"地基"。表皮毛基部稍肥厚而顶端较尖，就像一把把明晃晃的刺刀。相信小昆虫飞落在叶片表面时，见到这样的"刺刀阵"，即使不"十分胆寒"，行动也会"步履维艰"！

神奇的腺毛

有些植物具有承担分泌功能的腺毛（属于表皮毛），它们可以合成、储存和分泌多种代谢物，如有机酸、多糖、蛋白质、生物碱等。这些化合物赋予了植物一种独特的气味，可以起到驱虫的作用。腺毛分泌物可提炼成香料、药物、杀虫剂、食品添加剂、树脂和精油等。例如，从黄花蒿中提取的抗疟药物青蒿素、由薄荷表皮毛合成的薄荷醇等，都是由表皮毛合成的，这些物质往往具有很高的经济价值和药用价值。因此，腺毛被誉为高价值天然产物的小型工厂。

腺毛的形态结构是怎样的？我们以天竺葵为例对表皮毛进行观察。

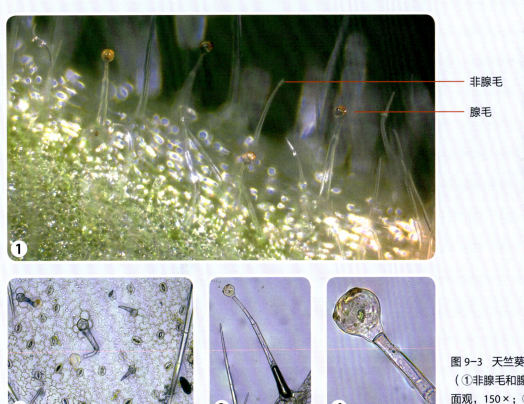

图 9-3 天竺葵叶上表皮的表皮毛（①非腺毛和腺毛，150×；②腺毛顶面观，150×；③腺毛侧面观，150×；④腺毛侧面观，600×）

天竺葵俗称"臭绣球"，就是因为它的腺毛分泌物具有一种特殊的很多人不能接受的"香气"，观察显微照片我们可以看出，腺毛整体如同一个灯柱，腺毛顶端的头细胞就像"灯"，下面的柄细胞（2~6个细胞）细长，就相当于"柱"。头细胞膨大成球形，橙黄色的头细胞表面湿润黏滑，不断挥发出特殊的气味（图9-3）。

构树的长、短表皮毛和腺毛

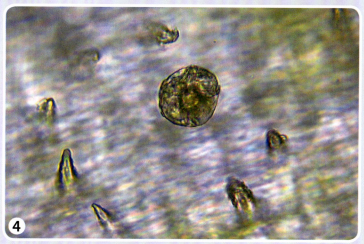

图 9-4 构树叶（①主脉长表皮毛，侧光源，60×；②主脉长表皮毛，底光源，60×；③短表皮毛和腺毛侧面观，底光源，600×；④短表皮毛和腺毛顶面观，底光源，600×）

我们知道，构树叶也有特殊的气味，它的气味来自哪里呢？当你拿到一片构树叶，肯定会被其布满叶柄、主脉、侧脉和叶片周身的茸毛震惊！用低倍实体镜观察，满眼都是密密麻麻的长腺毛，看起来杂乱无章；当我们用侧光源观察时，会注意到除长表皮毛这些高大的"乔木"外，还有更多的"灌木"——短表皮毛。随着显微镜放大倍数的进一步增加，你会看到在这些"灌木丛"中，还散落着一个个的"蘑菇头"——腺毛。它们才是构树特殊气味的最终来源（图 9-4）。

多样且奇特的表皮毛

请仔细观察下面三组显微照片,它们的表皮毛有什么特色呢?棣(dì)棠叶下表皮的表皮毛每针呈独立存在,但是每针上都有上百个更小的隆起,犹如一根根细长的狼牙棒。木槿和红花檵木叶的下表皮分布有稀疏的星状表皮毛,以一簇5~8针的方式分布于下表皮,犹如充分伸展触手的小章鱼(图9-5~图9-7)。

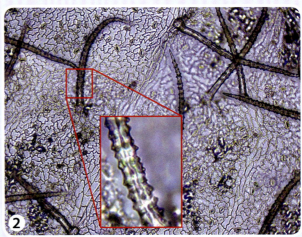

图9-5 棣棠叶的下表皮毛(①侧光源,60×;②底光源,150×;局部放大图,600×)

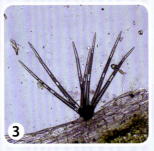

图9-6 木槿叶的下表皮毛(示星状毛,①底光源,150×;局部放大图,600×;②侧光源,60×;③底光源,150×)

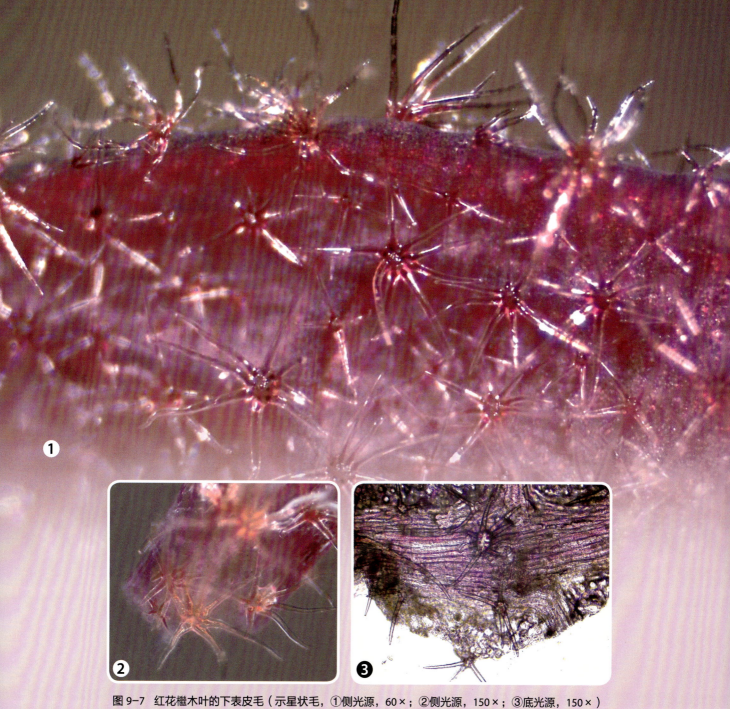

图 9-7 红花檵木叶的下表皮毛（示星状毛，①侧光源，60×；②侧光源，150×；③底光源，150×）

到大自然中去，小心地抚摸、仔细地观察植物叶的上、下表皮。如果感觉粗糙或发现有小点，赶快在显微镜下寻找表皮毛，这些特殊的表皮毛都是植物适应环境的表现，里面隐藏着许多秘密，期待你的新发现。

10 陆生植物的生存秘诀
——维管系统

4.3亿年前的志留纪，空气中的游离氧浓度已达到今天的10%，初步满足了植物陆生生活的最低要求。游离氧遇到紫外线变成臭氧，在地球上空聚集成臭氧层，臭氧层可以吸收有害的紫外线，保护地球上的生物免受紫外线辐射的伤害。与此同时，又遇到地壳强烈的造山运动，海水相对退却，出现了沼泽环境。这些都为植物的登陆创造了条件。

登陆成功后的植物，遇到的最大困难就是如何获取水分。前面的内容介绍过，苔藓植物出现了假根，蕨类植物开始出现根、茎、叶的分化，有较原始的维管组织。维管系统的产生使得水分、无机盐和有机物能够在植物体内快速运输和分配，从而使植物摆脱了对水环境的高度依赖性。

你有没有想过，一棵植株尤其是参天大树，它们的各器官之间是如何紧密协作来完成光合作用原料和产物的运输的呢？让我们通过显微镜来看看这条自动化的"运输网络"——维管系统。

根

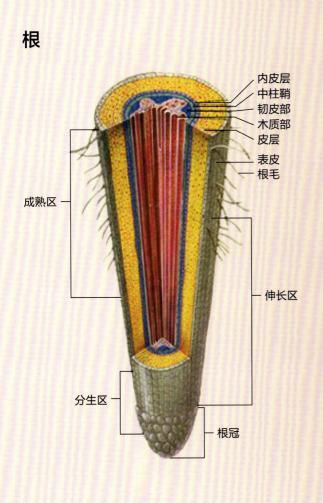
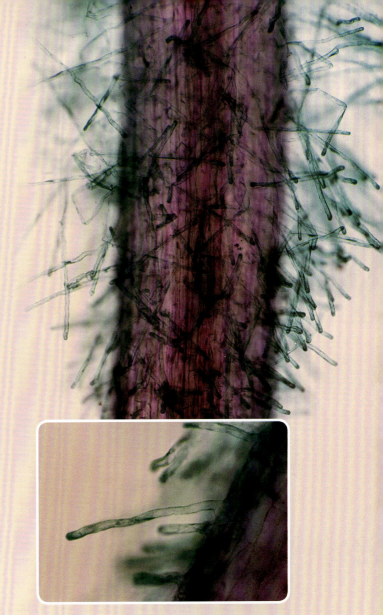

图 10-1 植物根的模式图及成熟区的根毛

根毛是植物吸收水分和无机盐的主要结构，它是根的表皮细胞向外突出形成的，顶端是密闭的管状结构，易与土粒紧贴在一起，有效地增加了吸收表面积。根毛对环境条件特别是湿度的变化非常敏感。在湿润的环境中，根毛的数目很多。当土壤干旱或植物体内缺水时，首先会引起根毛萎蔫而枯死，从而影响吸收，以后虽然获得水分，但根毛还要几天才能重新产生，这是干旱成为减产的主要原因之一（图10-1）。

那么，根又是怎样把水分向上运输的呢？

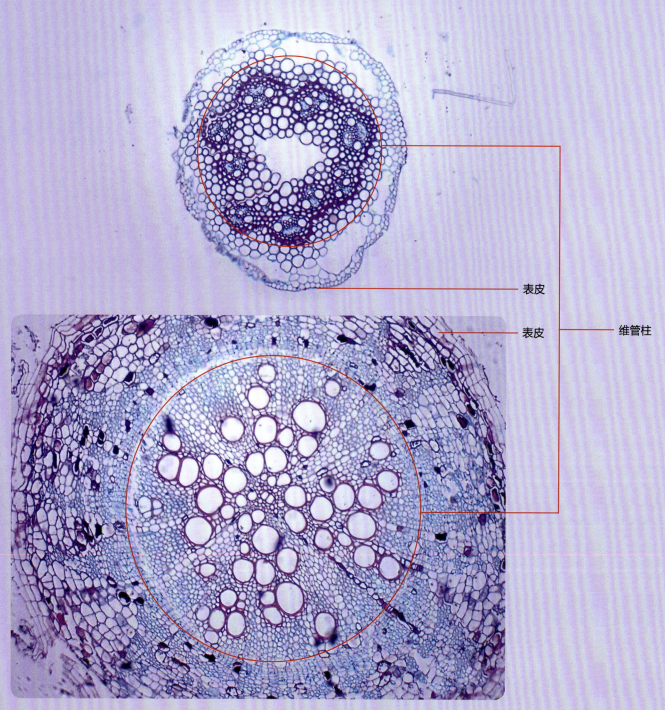

图 10-2 小麦根横切（60×）和向日葵根横切（60×）

表皮细胞吸收的水分与溶于水中的无机盐，由皮层接力负责横向运输到维管柱，再由维管柱运送到其他植物器官（图 10-2）。

维管柱的输导组织通常排列成星状。木质部负责运输水分及溶于水中的无机盐，组成星状体的核心；韧皮部负责运输养分，在星状体各芒间形成小群（图 10-3）。

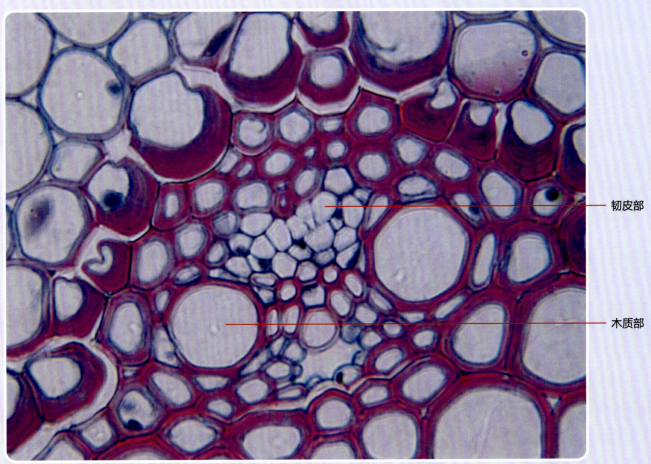

图 10-3　小麦根横切（150×）

10 陆生植物的生存秘诀——维管系统

茎

水分是如何被长距离运送到叶、花、果实等器官的呢？有一个简单的实验，就像我们用手堵住吸管口，再把它从杯子里向上提，吸管里的水就可以到达一个高于杯子里水面的高度一样。如果我们有一根足够长的吸管，可以把水升到多高呢？10 米是极限了。因为 10 米高度的水柱产生的压强和大气压强近似相等。但是，世界上超过 10 米的树比比皆是。那么，巨树或爬山虎等植物究竟是怎样把水分运送到那么高的地方的呢？

在茎的运输途径中，水分沿着木质部导管或管胞上升的动力，主要来自蒸腾拉力。植物的蒸腾作用越强，从导管或管胞中拉水的力量也就越大，则失水越多。另外，在导管或管胞中水分之间的内聚力很大，从而形成一条连续的水柱，水柱的内聚力可使水柱向下降。这样上拉下拽便使水柱产生张力，水柱张力远比水分内聚力小，因此，可使导管或管胞中的水柱不断，这就保证了水分不断向上运输。

这样的木质部在一棵植株的茎中有许多，它们和韧皮部一起，以维管束的形式存在。木质部主要是由导管、管胞、木质薄壁细胞与木纤维共同构成的复合组织，这部分质地坚硬，因而得名。主要作用是自下向上地运输水分，同时与无机盐的运输、养分的储存有关（图10-4）。

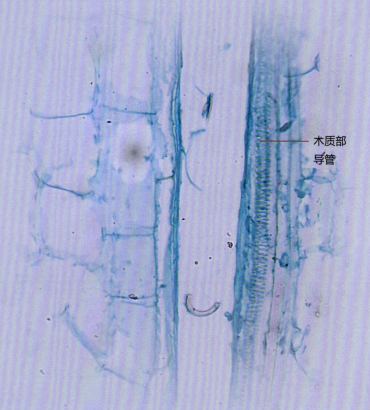

木质部导管

图 10-4 玉米茎纵切（60×）

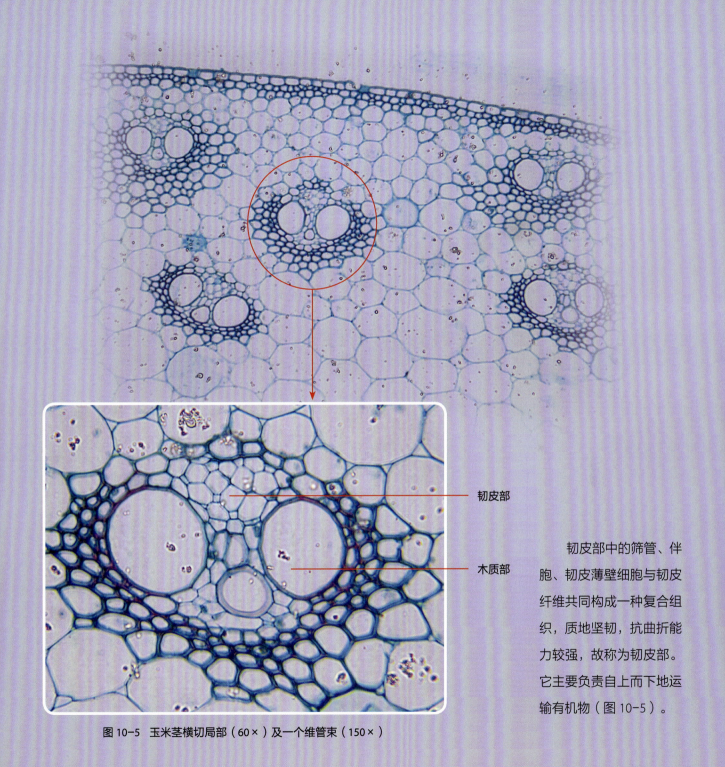

图 10-5 玉米茎横切局部（60×）及一个维管束（150×）

韧皮部中的筛管、伴胞、韧皮薄壁细胞与韧皮纤维共同构成一种复合组织，质地坚韧，抗曲折能力较强，故称为韧皮部。它主要负责自上而下地运输有机物（图 10-5）。

叶

植物的维管束如同动物循环系统中的血管一样，分布到每个组织细胞。以玉米为例，玉米叶片由表皮、叶肉和叶脉三部分组成。玉米叶脉内的维管束，木质部位于叶脉的近轴面（靠近上表皮），韧皮部位于远轴面（靠近下表皮）。玉米叶片的维管束鞘由单层薄壁细胞构成，细胞较大，排列整齐，外侧紧密相连的一圈叶肉细胞组成"花环形"结构（图10-6、图10-7）。

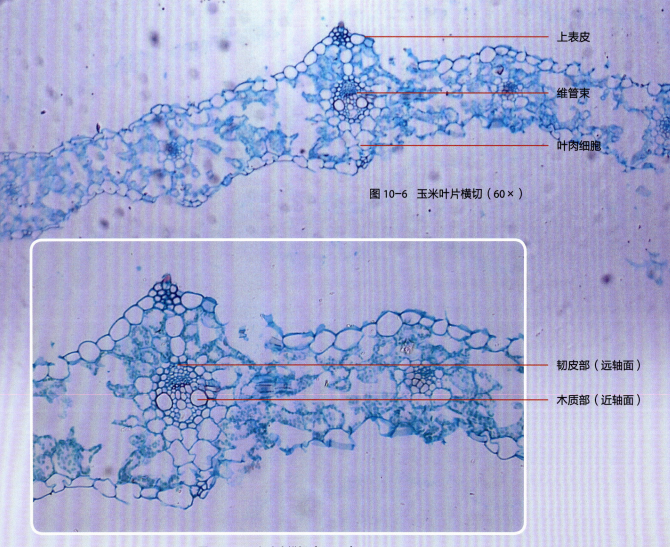

图 10-6　玉米叶片横切（60×）

图 10-7　玉米叶脉横切（150×）

植物叶片有序地接受靠近上表皮木质部运送来的水分，进行光合作用，产生的有机物则由靠近下表皮的韧皮部负责运送到植物各个器官使用或储存起来。

简单来说，植物的根吸收水分后，通过分布在茎和叶脉等维管系统的木质部运送到叶肉细胞，然后把光合作用生成的有机物又通过维管系统的韧皮部运送到需要的各个器官。

你有没有看到过这种现象？有些树的树心被掏空了，但是它依然枝繁叶茂。原因在于维管系统不像我们的血管那么经久耐用，它们的使用年限仅为一两年，但是会产生新的维管组织，新生的韧皮部向里生长，老的韧皮部就成为树皮，越来越厚，也有像梧桐树一样掉下一块块树皮。新生的木质部向外生长，老的木质部向树心生长，那些失去效用的空管道里会被填上树脂，起到了很好的支撑作用。所以，靠近根部的树心被掏空并不影响水分和养分的运输，但是一旦破坏了树皮的韧皮部，那么就会阻断物质运输。中国有句俗语："树活一层皮"，此言不虚。

10 陆生植物的生存秘诀——维管系统　077

11 攀缘植物的利器
——卷须和吸盘

纤纤小手紧抓墙，映月辉星独自狂。
一夏攀登迎烈日，三秋环绕傲寒霜。
风姿不逊春花美，神韵犹如枫叶香。
藤蔓干枯情未了，红红笑脸唱辉煌。

——《七律·咏爬墙虎》作者：佚名

不知是谁写了这首诗，引起我们无数次的共鸣。每每路过爬满爬山虎的房屋，都让人不禁感叹：爬山虎真是自然界的攀峰者——它们扎根于大地，却心向顶峰！

爬山虎是葡萄科地锦属木质藤本的俗称。我们常说的爬山虎其实不止一种，全世界约有 13 种，主要分布于北美洲和亚洲，我国有 10 种，其中常见的有两种：三叶爬山虎和五叶爬山虎（三叶爬山虎的掌状复叶有三片小叶，五叶爬山虎的掌状复叶有五片小叶）。在园林中，人们利用这两种爬山虎的不同特点混植，优势互补，能够起到更好的立体绿化效果。五叶爬山虎的生长速度快，一年可长五六米，其覆盖能力强，但攀爬能力弱，容易被扯下来，较多用于山坡等处的绿化；而三叶爬山虎的吸盘数量和着生密度要强一些，一旦附着在墙壁上就比较难扯下来，可用于墙体、岩石等处的绿化。

爬山虎是自然界的攀登者，它的每一次"攀登"，都离不开它的超级"攀登神器"——卷须（图 11-1、图 11-2）！

图 11-1　三叶爬山虎的卷须

图 11-2　五叶爬山虎的卷须

11 攀缘植物的利器——卷须和吸盘　079

爬山虎的卷须往往长在当年生枝条的节处，它们位于叶相对的茎的一侧。幼嫩的卷须顶端膨大形成吸盘（图11-3）。

图11-3　三叶爬山虎和五叶爬山虎幼嫩的卷须顶端（未攀附介质，60×）

刚形成的吸盘并不发达，吸附能力很弱。但是当卷须触碰到砖、木、铁、土等粗糙面时，吸盘就会发生蜕变（图11-4）。

图11-4　三叶爬山虎和五叶爬山虎的吸盘（已攀附介质的吸盘，60×）

触墙后吸盘"升级大变身"，变得非常发达，尤其是三叶爬山虎触墙后的吸盘，在显微镜下看起来就像一束灵芝。"灵芝"腹面紧贴墙皮，固着能力比五叶爬山虎更强。

根据资料显示，成熟枯干的爬山虎单个吸盘的平均质量约为 0.0005 克，与基底的平均黏附接触面积也只有 1.22 平方毫米，而黏附力却达到 13.7 牛顿；单个吸盘在其生长发育过程中能够支撑起由茎、叶、分枝和卷须共同产生的重量，高达吸盘自身重量的 260 倍，能够承载的最大拉力是其自身重量的 280 万倍！如果我们用力拉扯爬山虎的卷须，即使扯断卷须，吸盘仍紧紧吸附在墙面上（图 11-5）！

图 11-5　扯断卷须后仍紧贴墙面的三叶爬山虎吸盘（30×）

爬山虎的吸盘为什么会有如此强大的吸附能力呢？仔细观察，吸盘表面并不光滑，好似由一个个紧紧挨在一起的"小球"组成（图11-6、图11-7）。

图11-6　五叶爬山虎的吸盘表面（150×）

这些"小球"其实是由一些特殊的细胞组成的，这些细胞绝大多数呈泡状，能分泌黏液使吸盘紧紧贴住介质。

吸盘分泌的黏液不溶于水，还非常容易凝结，当黏液填充到物体表面的空隙中时，就可以形成密闭空间，以加大附着力，从而使自身牢牢地黏附在固体物上。

爬山虎很"聪明"，平滑的表面是很难"攀登"的，如果卷须顶端触碰的是平滑的表面，如玻璃或疏松的土壤，则不能形成吸盘，卷须就会逐渐萎缩，随后枯黄脱落。

就这样，随着爬山虎的长大，新生的吸盘越来越多，它们争先恐后地附着在墙壁上，再新生、再附着……渐渐地，扎根于大地的爬山虎心向阳光，爬满了它所能触及的每个角落，形成了一道道美丽的风景，既可以美化环境又可以清新空气，树叶颜色随着季节的更替不断变换，给人以美的享受。

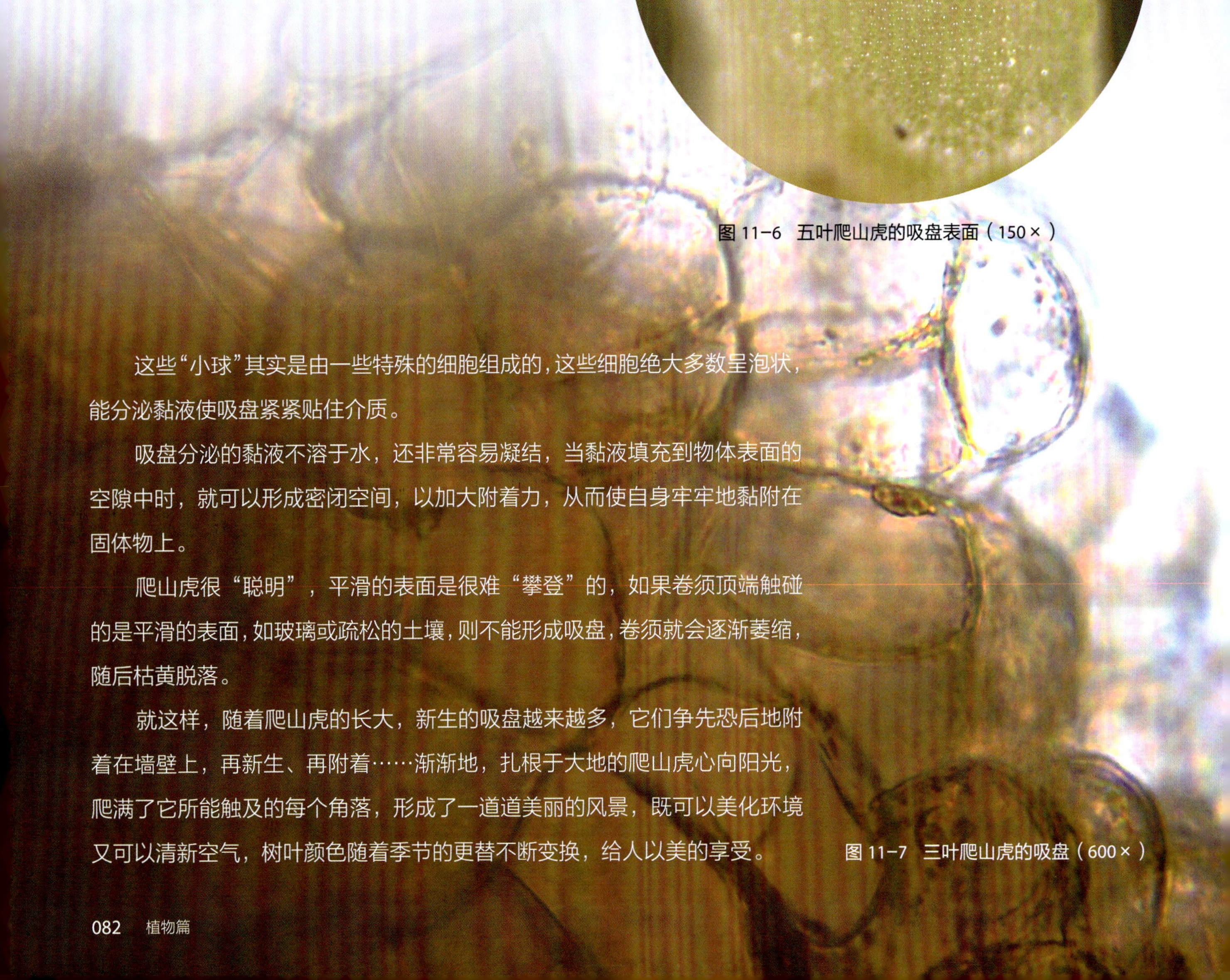

图11-7　三叶爬山虎的吸盘（600×）

植物界除了爬墙高手，还有一些攀爬架子的"高手"，如黄瓜或丝瓜等，它们的秘密在于茎卷须。黄瓜的茎卷须在幼嫩状态时，已经是折叠好的一盘"线圈"，又如一条盘好的"蟒蛇"。在实体镜下放大来看，其外表皮的细胞犹如蛇的"鳞片"在光照下闪闪发光。

"盘蛇"形的幼嫩卷须，在发育过程中会展开，接触被攀缘的介质后，卷须细胞的生长状态改变，外侧细胞生长更快，能够形成多圈螺旋缠绕，从而紧紧"抓"牢介质。

卷须的直径也增大一倍左右，其中的输导组织和机械组织更加发达，能抵抗更强的拉力。在显微镜下可观察这些结构，缠绕的卷须内侧细胞较外侧细胞整体稍短，对同一列细胞来说，其外侧细胞壁均较长一些（图11-8~图11-10）。

图11-8　黄瓜茎卷须未展开状态（30×）

图11-9　黄瓜茎卷须已攀附状态（30×）

11 攀缘植物的利器——卷须和吸盘　083

攀缘植物的攀缘类型还有很多种，如凌霄花和绿萝等靠气生根；豌豆等靠叶卷须；有的靠倒钩刺，如蔷薇等；有的靠茎缠绕，如紫藤、牵牛等。这些植物的触手又有什么特别之处？欢迎感兴趣的你来积极探索！

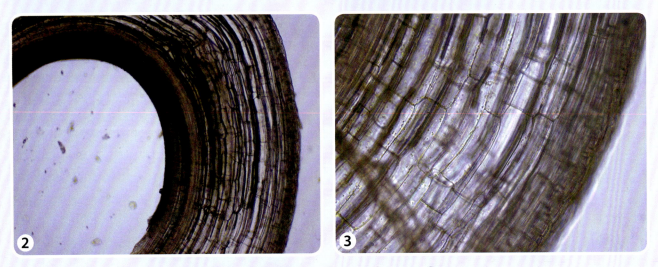

图 11-10　黄瓜茎卷须纵切（① 30×；② 150×；③ 600×）

12 叶片的华丽变身——花

"天空不能没有星星,大地不能没有花朵,人间不能没有爱。"德国文学家、自然科学家歌德如此赞美花朵。摘不到星星,人们送花以表达彼此的爱意。

接下来的显微观察中会用到一些简单的术语,为了方便阅读,让我们先熟悉一下花的结构名称。早在19世纪50年代,我国植物学者李善兰先生翻译了英国植物学家林德利所著的《植物学》一书,将花的各部分即花萼、花冠、雄蕊、雌蕊译为萼、瓣、须、心。

图 12-1 金丝桃花的解剖

看了花的解剖图（图 12-1），你是不是觉得很形象？这就是中文的精妙之处。

歌德对植物情有独钟，不但写诗赞美，还曾写过一本书《植物变形记》，他认为花是由叶变形而成的。我们不妨在显微镜下找找答案。有关叶片的显微结构，在本书的前面有详细的介绍。

花萼

先看花朵中的绿色部分——花萼,它位于花的最外轮,由萼片组成。显微镜下可见组成萼片的薄壁组织中有叶绿体,因此萼片是一种变态叶。萼片上面还能看到表皮毛和腺毛。萼片正面覆盖表皮毛,颜色呈白色或红色。腺毛顶端突起,呈红色(图12-2、图12-3)。

图 12-2 番茄未开放的花(示花萼,30×)

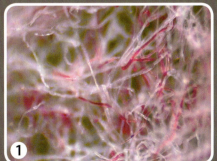  

图 12-3 月季的萼片(①表皮毛,60×;②腺毛,60×;③腺毛,150×)

花冠

如果要形容花的颜色，穷尽其词也很难描绘花瓣的颜色，但可能很少有人会用绿色来描绘。

自然界中有没有绿色的花呢？有，但真的很不起眼，以至于大家都想不起来，不妨想一下柳树和水稻的花。往往绿色花的特点是小而轻，靠风力传播花粉，"颜值"并不那么重要。

但是绝大多数花为了吸引昆虫为自己传粉，都开启了"美颜"模式。

难道姹紫嫣红的花瓣也是叶变来的？

在花瓣中也能找到类似叶脉的结构以及导管细胞（图12-4）。

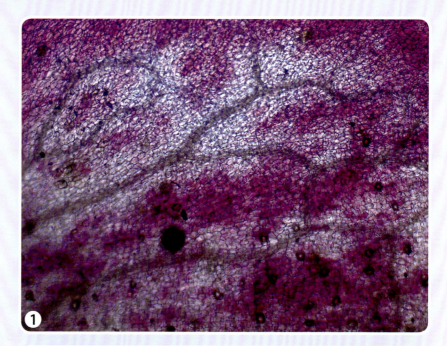

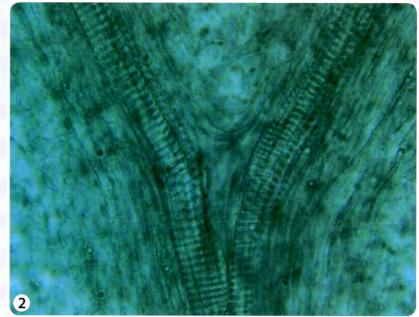

图12-4 花瓣（①阿拉伯婆婆纳，60×；②金银花，示导管，150×）

在显微镜下，月季花花瓣的上表皮细胞呈球形，中央大液泡充盈红色花青素；花瓣的下表皮细胞形状不规则且较上表皮细胞大，中央大液泡充盈深浅不同的紫色花青素，不同细胞花青素的颜色不完全相同，好似一张彩色的拼图。花瓣表皮细胞的形状与叶表皮细胞很相似，唯一不同的是缺少了叶绿体（图12-5）。

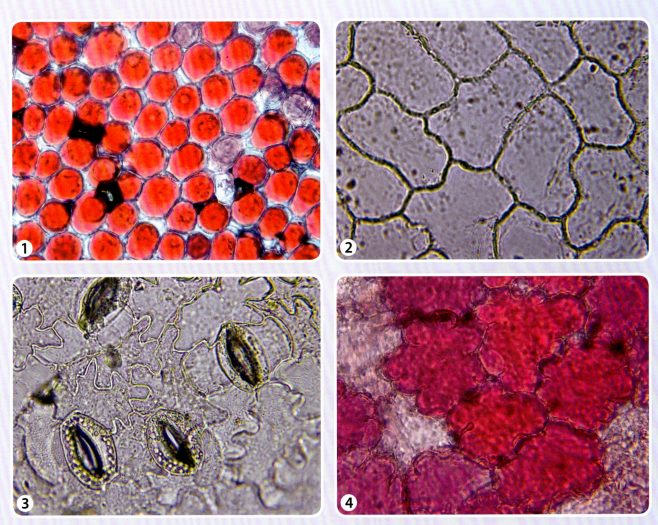

图12-5　月季花的花瓣和叶表皮细胞的比较
（上表皮：①花，600×；②叶，600×；下表皮：③叶，600×；④花，600×）

有些唇形科花的下侧唇瓣上常有绒毛，像是为昆虫准备的停机坪，两侧的黄色色斑如同"跑道灯"，便于昆虫前来采集花蜜花粉，顺便也刷下一些昆虫身上的花粉（图12-6~图12-8）。

①

图12-6 通泉草花瓣上的茸毛

②

图12-7 通泉草花瓣上的茸毛（① 60×；② 150×）

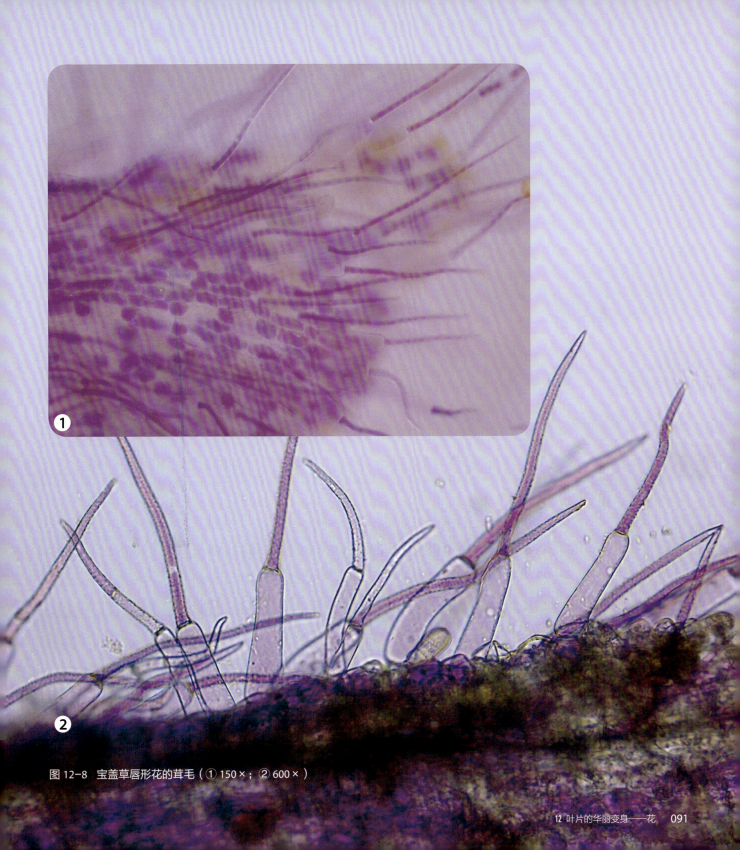

图 12-8 宝盖草唇形花的茸毛（① 150×；② 600×）

雌蕊和雄蕊

晚唐词曰"双双蝶翅涂铅粉，咂花心。"人们俗称的"花心"指花的中心，花蕊部分。这细细长长的花蕊和叶有什么关系呢？

雄蕊由花药和花丝组成，雌蕊则由柱头、花柱和子房组成，子房中的胚珠着生在边缘，中央有很多白色茸毛，胚珠中的卵细胞和中央细胞共同等待着精子的到来，这是被子植物特有的双受精现象。待花粉成熟后，花药自动裂开释放出花粉，通过风媒或虫媒到达雌蕊的柱头，萌发出花粉管，花粉中的两个精子沿着花粉管到达胚珠，一个与卵细胞融合形成合子，发育成胚，将来发育成植株；另一个与中央细胞的极核融合形成胚乳，为种子萌发提供营养，这就是种子的由来（图12-9、图12-10）。

虽然雄蕊和雌蕊在显微镜下看不出是由叶变来的端倪，但是现在分子生物学的"ABC模型"理论证明了这点，仅A类基因表达决定萼片发育，C类基因表达决定雌蕊发育，B类和C类基因表达决定雄蕊发育，如果这三类基因都沉默不表达，则发育成叶。植物真是太神奇了！

图12-9 穿心莲的雄蕊和雌蕊的柱头（30 x）

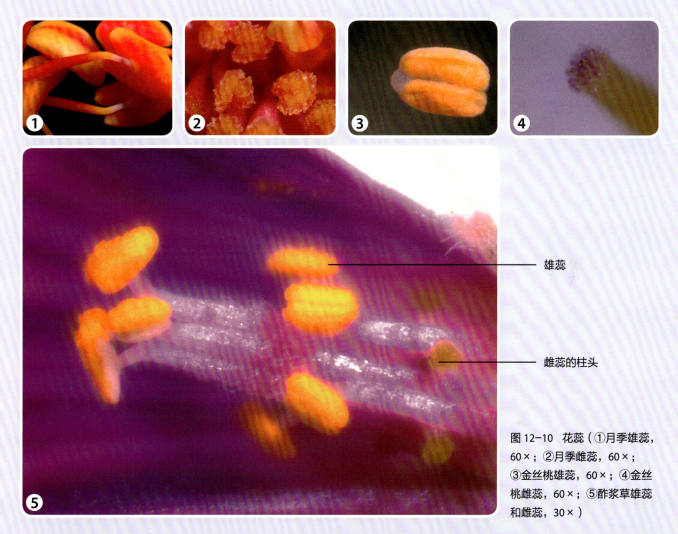

图 12-10　花蕊（①月季雄蕊，60×；②月季雌蕊，60×；③金丝桃雄蕊，60×；④金丝桃雌蕊，60×；⑤酢浆草雄蕊和雌蕊，30×）

你可能会说"颜值"高的花都是根据人们的审美喜好培育而成的，然而当你走进大自然中，会发现即使没有人为的干预，那美丽的花色和芬芳的花香还是让人陶醉，再定睛一看花丛中不乏昆虫们忙碌的身影。可以说在人类诞生前，花与昆虫已经历过千万年的磨合，协同进化，互惠共赢。虻独爱黄花，蜜蜂钟爱紫花，木兰花上的金龟子，十字花上的菜粉蝶，彼此之间有着惊人的默契。花的颜色及结构的多样性满足了不同昆虫的需求，这些昆虫饱餐之后也帮助花传播花粉，完成双受精。

花是植物的生殖器官，是植物延续生命的源泉，是植物界不断演变和进化的神秘宫殿。那么叶在什么时候完成了这次华丽的变身呢？随着更多的生物化石被发现，"地球上第一朵花"出现的时间也在不断地被刷新，截至 2018 年底，人类发现最古老的花朵化石是"南京花"，它出现在 1.74 亿年前，产自南京东郊，因而得名。

13 多姿多彩的花粉世界

你见过蜜蜂后足上有个黄色的圆球吗？蜜蜂采粉时，工蜂利用花粉刷将全身细毛上沾满的花粉粒刷下，混以唾液和采得的一部分花蜜，黏合成小团块，装入花粉篮中，随后带回巢内，再进行加工。每只蜜蜂每天要外出采集花粉几十次，每次要探访几十甚至上百朵花，但采到的花粉即使装满了后足上的两只花粉篮也只够酿0.5克蜂蜜。

花粉篮

在花丛间除了能看到蜜蜂、蝴蝶、虻蝇等忙碌的身影，通过显微镜，你还能发现不少贪食花蜜而身陷花粉中无法自拔的小昆虫。

在长期的自然选择过程中，虫媒花与昆虫的生活之间建立了千丝万缕、极为复杂的联系。花粉富含蛋白质、氨基酸、多种脂质，是昆虫自己和幼虫的食物（图13-1）。

图13-1 经多种昆虫爬过的雌蕊（留下不同类型的花粉，150×）

花粉是雄蕊中的生殖细胞，外观呈粉末状，其个体称为花粉粒。雄蕊顶端膨大呈囊状的部分称为花药，花粉就产生于此，一旦成熟，花药就会裂开。花药裂开的方式也独具特点，让我们在显微镜下一探究竟吧（图13-2、图13-3）！

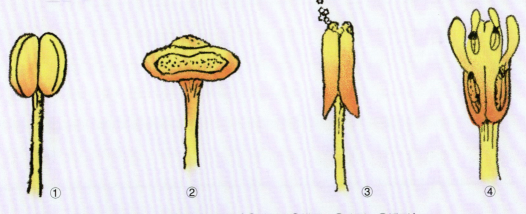

图13-2 花药的裂开方式（①纵裂；②横裂；③孔裂；④瓣裂）

纵裂：这种方式最为常见，如百合，缝隙沿着两个花粉囊交界处成纵行裂开。

横裂：沿着花药中部成横向裂开，犹如一个小碗，木槿的花粉晶莹剔透，像满满的一碗米饭。

孔裂：杜鹃的花药顶端会裂开两个小孔，花粉由小孔散出。

瓣裂：香樟树的花虽小，但十分特别，在花药的侧壁上裂成几个小瓣，花粉由瓣下的小孔散出。

图 13-3　花药的裂开方式（150×）
（①百合，纵裂；②木槿，横裂；③杜鹃，孔裂；④香樟树的花，瓣裂）

花粉的形态与结构能揭示植物系统发育的历程，反映植物适应不同媒介传粉的适应性特征。不同植物的花粉颜色各异：红色、黄色、橙色、白色等。花粉常见的形状有：超长球形、长球形、近球形、球形、扁球形、超扁球形等。花粉粒的表面不都是光滑的，而是装饰着沟、脊、孔、丘、刺，排列模式各不相同，几乎像人类的指纹一样，植物学家通过显微镜观察花粉，就能判断它所来自的植物属于哪一科、属、种（图13-4）。

图13-4　形态各异的花粉

百合

百合是很常见的切花品种，花大呈漏斗形，单生于茎的顶部，白色的百合给人一种纯洁无瑕的高贵感，深受人们喜爱。在花店买来的百合通常被去掉雄蕊，这么做的原因是为了尽量保持花的美观，因为雄蕊上的花粉很容易蹭到花瓣上，有的时候甚至还会蹭到人的身上，不容易清洗。这是因为花粉粒表面覆盖着一层油质外衣，让它们具有黏性。还有一个原因就是百合的雄蕊比较大，花粉多，在室内很容易被人或宠物吸入，引起过敏。百合花粉的体积较大，是显微镜观察的首选，我们可以清晰地观察到长球形的花粉表面有网状的雕纹，像不像一个哈密瓜（图13-5）？

图13-5　百合花粉的网状雕纹（侧光源，600×）

天竺葵

天竺葵别名洋绣球,是世界广泛种植的多年生草本花卉。伞形花序腋生,花瓣呈红色、橙红、粉红或白色,成熟的柱头五裂。显微镜观察发现,天竺葵的花粉像极了人体中的红细胞,呈两面凹的圆形或椭圆形(图13-6、图13-7)。

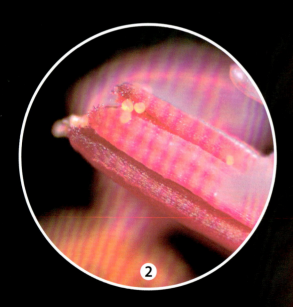

图 13-6　天竺葵(①花结构;②未裂开的花药,60×;③裂开的花药,布满花粉,60×)

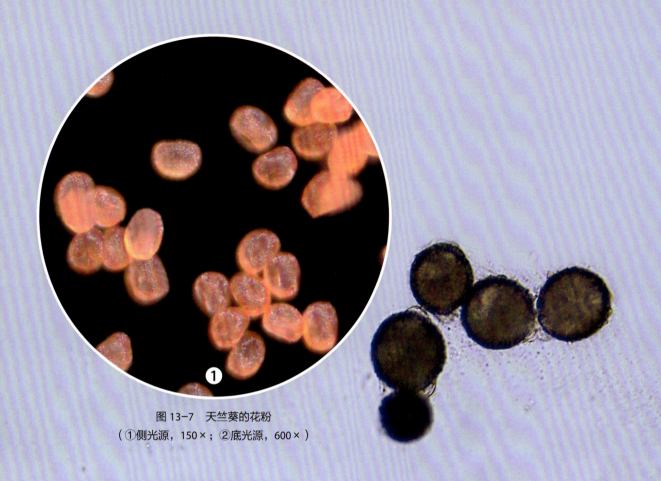

图 13-7　天竺葵的花粉
（①侧光源，150×；②底光源，600×）

13　多姿多彩的花粉世界　　099

金银木

　　金银木又名金银忍冬，忍冬科忍冬属，生于林中或林缘溪流附近的灌木丛中。花芳香，生于幼枝叶腋，初开为白色，后转为黄色，因而得名金银花。又因为一蒂二花，两条花蕊探在外，成双成对，形影不离，状如雌雄相伴，又似鸳鸯对舞，故有鸳鸯藤之称。显微镜观察发现，金银木的雌蕊花柱表面布满白色茸毛，花粉呈圆形或椭圆形，浅黄色，透亮（图 13-8、图 13-9）。

图 13-8　金银木（①花结构；②柱头上沾满花粉，60×；③裂开的花药，布满花粉，60×）

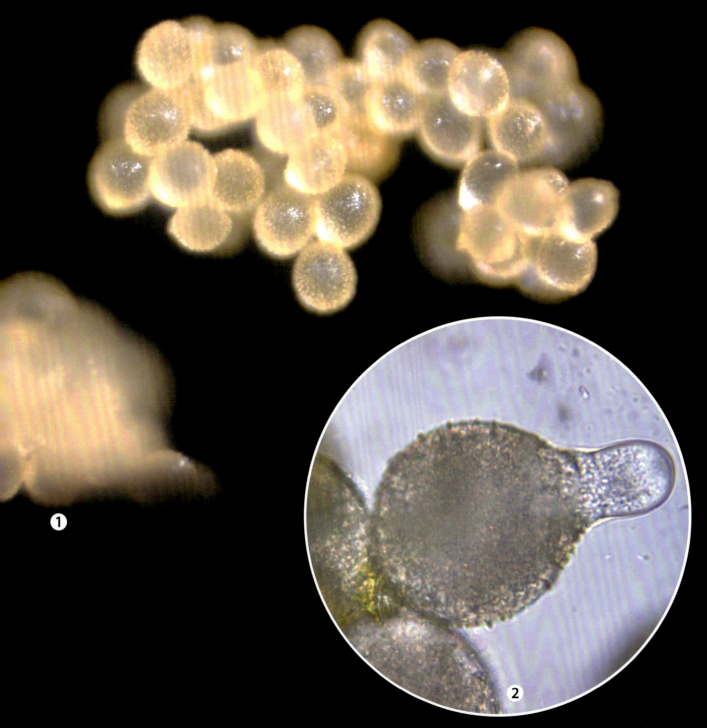

图 13-9 金银木的花粉（①侧光源，150×；②底光源，600×）

13 多姿多彩的花粉世界

大马士革玫瑰

大马士革玫瑰，蔷薇科蔷薇属。它是世界公认的优质玫瑰品种。优质在于它花期相对集中，开花时散发出清甜的香味，是萃取玫瑰精油和玫瑰纯露的最佳品种。在显微镜下可以看到，那透亮的橘黄色花粉也很耀眼，超长球形表面分布着条状雕纹（图 13-10）。

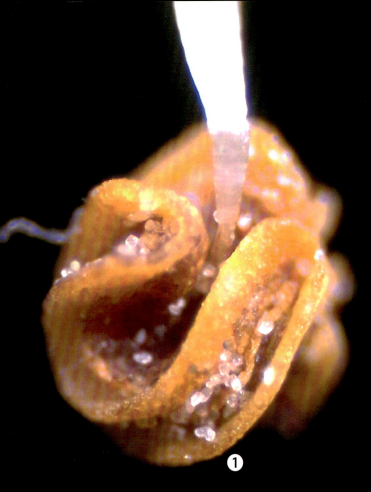

图 13-10　大马士革玫瑰（①裂开的花药，布满花粉，60×；②干瘪的花药，花粉变少，60×；③花粉，侧光源，60×；④花粉，底光源，600×）

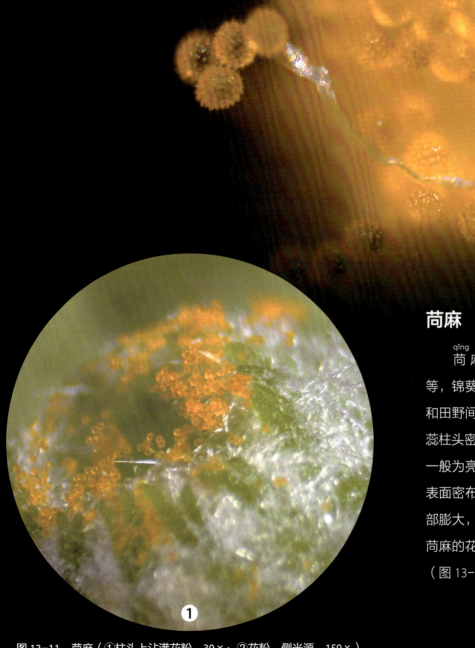

苘麻

苘(qīng)麻又名金花草、耳响草、野麻等,锦葵科苘麻属,常见于路旁、荒地和田野间。显微镜观察发现,苘麻的雌蕊柱头密布白色茸毛。苘麻的花粉较大,一般为亮黄色,呈圆形或椭圆形,花粉表面密布小突起,具有刺状纹理,刺基部膨大,可以较牢固地黏在昆虫身上。苘麻的花粉像极了荔枝,让人印象深刻(图 13-11)。

图 13-11　苘麻(①柱头上沾满花粉,30×;②花粉,侧光源,150×)

美丽月见草

月见草顾名思义,因为它在傍晚见月开花,天亮即凋谢,故名月见草。但原产自美洲的美丽月见草白天也会开放,花朵如杯盏状,引来粉蝶翩翩飞舞,十分美丽。令人意想不到的是,通过显微镜观察,它的花粉形状为三角形,像三角飞镖一样(图13-12)。

图13-12 美丽月见草(三角形花粉,150×)

杜鹃

杜鹃又名映山红，春季开花。被子植物中除了前面介绍的单粒花粉，还存在二合、四合、八合等多合花粉。在虫媒植物花粉的传播中，多合花粉保证了传粉昆虫一次可以携带较多量的花粉，增加了具有多胚珠子房的受精率。杜鹃的四合花粉是最常见的花粉聚合方式，四合体为"圆角"三角形，相邻的花粉粒之间连接紧密（图13-13）。

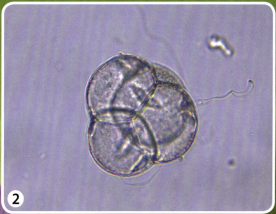

图13-13 杜鹃的花粉（① 150×；② 600×）

繁花似锦，争奇斗艳，显微镜下的花粉世界也是多姿多彩的，虽然颜色形状各不相同，但是花粉粒的外壁却是十分坚固的，是一种生物高分子聚合物，如同天然的塑料。在地质年代1亿年前的沉积物中曾发现过花粉化石。蜜蜂有办法使花粉粒胀破，它的消化道中还有专一催化分解的酶，这样才能享用来自大自然的花的馈赠。

14 植物"胎儿"在子房中的着生方式——胎座类型

北宋文学家苏轼曾用"花退残红青杏小"描述春天将尽,百花凋零,杏树长出了青涩的果实,可谓观察细致入微。你想过没有:果实是如何从小长大的?种子又是如何在果实中发育的?种子由受精后的胚珠发育而成,果实由子房发育而成。当你剥开一个成熟的果实看到藏在里边的种子时,有没有注意到种子是如何生长在果实中的?有的果实中有很多种子,它们又是如何排列的呢?

无独有偶,宋代女词人李清照那首脍炙人口的词《如梦令》中写道,"试问卷帘人,却道海棠依旧。知否,知否?应是绿肥红瘦。"让我们先从海棠的果实内部一探究竟,从它的横切面能看到其中有五个小室,每个小室中有两枚种子,它们好像都着生在位于中央的"轴"上,可以用"中轴胎座"来形容海棠种子在子房中的着生方式(图 14-1)。

图 14-1　西府海棠果实的横切(示中轴胎座,30×)

什么是胎座?胎座是被子植物子房中胚珠的着生部位,一般称为"植物胎盘",是植物果实的一部分。具体来说,就是果实内长种子的地方。不同植物由于胚珠的着生部位等结构差异,形成多种胎座类型,如中轴胎座、边缘胎座、侧膜胎座、基生胎座、特立中央胎座等。通过显微镜观察植物幼嫩的果实内部,我们能够看到多种不同的胎座。

中轴胎座——普遍存在的胎座类型

想必大家都见过龙葵这种茄科植物,其球形浆果成熟后为紫黑色,不可大量食用(因其含有毒的龙葵素)。龙葵在各地有很多俗名:野茄秧、野海椒、黑星星、黑悠悠、黑豆豆等,足以看出其分布非常广泛。横向剖开其未成熟的果实,能看到幼嫩的白色胚珠嵌在绿色的截面上,并且被具有一定厚度的隔膜分隔开;仔细观察,胚珠中种子的胚孕育的空间范围——胚囊隐约可见。但是,因为此例种子数目较少,中轴胎座的特征表现并不清晰(图14-2)。我们来看看其他更典型的中轴胎座的实例。

图 14-2　龙葵果实的横切(示中轴胎座,30×)

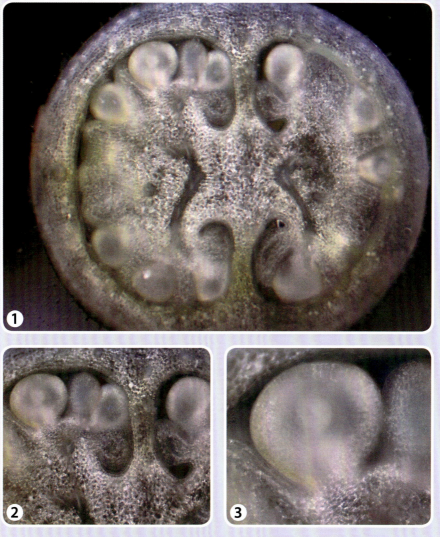

图 14-3　番茄果实的横切（示中轴胎座，① 30×；② 60×；③ 150×）

　　番茄是我们最熟悉的蔬菜（或水果）之一了，成熟的番茄为典型的浆果，尤其是种子集中分布的空间中充满了大量汁液。成熟的番茄切开后，其种子往往已经从子房中脱落，因此无法看清其着生方式。但是刚刚落花的番茄，切开后可以看出其具有典型的中轴胎座。番茄的胚珠为白色透明，珠柄明显，隐约可以看出内部正在发育的幼胚，不禁让人联想起正在子宫中孕育的哺乳动物小宝宝。胚珠和中轴连接的"中间地带"呈现出自然美丽的弧形图案（图14-3）。

14 植物"胎儿"在子房中的着生方式——胎座类型

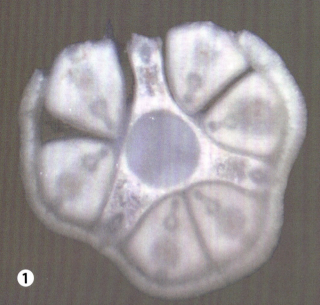

将牵牛花中的幼果横切，可以看到其子房为 3 室，每室有 2 枚洁白的直立倒生无柄胚珠。其胎座的"中轴"特征十分明显，中轴断面中央呈现透明的圆柱断面，整体横截面出现 3 个左右对称轴，以及同时表现为辐射对称。其实不是所有的牵牛都是 3 室的子房类型，更多的类型是 1~2 室，也有少数 3~5 室的类型（图 14-4）。

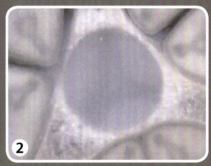

图 14-4　牵牛果实的横切
（示中轴胎座，① 60×；② 150×）

与牵牛子房断面类型非常类似的是萱草，通过观察子房横切面，我们可以看到其表现为 3 心皮合生，子房为 3 室，心皮的腹缝线向内卷入在中央融合形成中央轴，胚珠着生于每一心皮的内角上（即中轴上）。虽然在断面上观察好像每室只有两个胚珠，但是事实是其子房较长，每室具有大量胚珠，只是分成两列排列。整体横切面也同时表现为左右对称和辐射对称（图 14-5）。

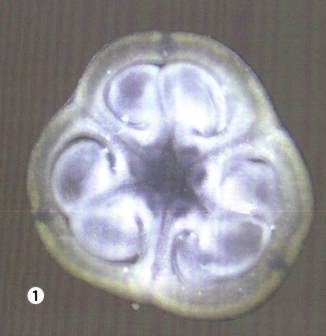

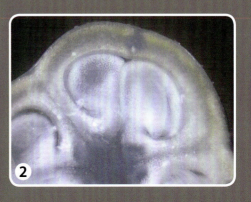

图 14-5　大花萱草果实的横切
（示中轴胎座，① 30×；② 60×）

边缘胎座——豆类（豆科）植物的标签

图 14-6　扁豆（示边缘胎座，①相机拍摄；② 30×；③ 150×；④ 60×）

　　一枚幼嫩的扁豆看起来并不起眼，但当我们剖开其幼嫩的豆荚时，不禁感叹自然的有序，其多枚幼嫩的种子呈单列，有序地被"栓"在一室子房较厚的一侧边缘——腹缝线上。胚珠的珠柄明显，从子房横切面看，胚珠就像一盏大大的白炽灯泡，而子房壁如同"灯泡"外侧包了厚厚一层封闭的灯罩（图 14-6）。

侧膜胎座——瓜类（葫芦科）植物的标签

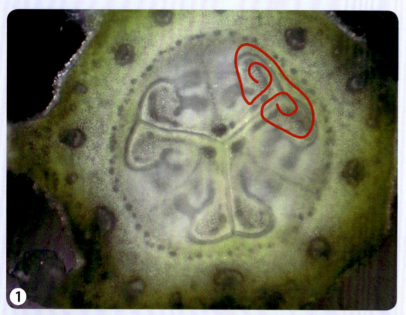

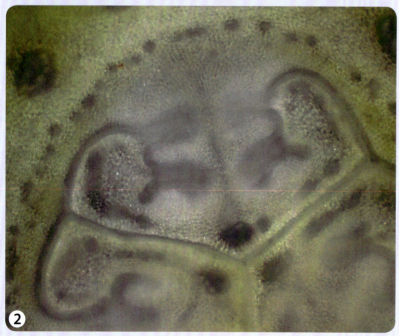

图 14-7　黄瓜横切（示侧膜胎座，① 30×；② 60×）

仔细观察黄瓜横切面，我们会惊叹于其内部纹路同时具有两侧对称和辐射对称。其实从子房构成的角度来说，黄瓜子房由 3 心皮构成，胚珠着生于心皮的边缘。如果再仔细观察，你会注意到断面上有 3 个扇面形"紧箍咒"贴在一起（红色线条形态），让我们不得不佩服大自然的巧夺天工（图 14-7）！

基生胎座——紫茉莉（地雷花）

紫茉莉也称地雷花，因其果实形似小"地雷"而得名。科学的说法，就是其球形的瘦果呈黑色，革质表面具皱纹。子房一室，内生一枚胚珠，着生在子房基底部位，因此称为基生胎座。地雷花又名胭脂花，因古时女孩子喜欢将此花榨汁做胭脂。它还有很多名字以及对应的来源，如果感兴趣可以自行拓展查阅（图14-8）。

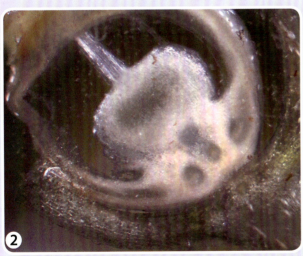

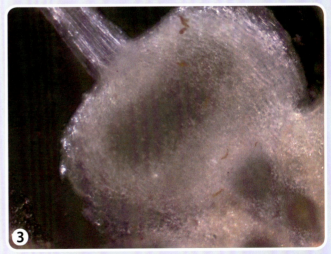

图14-8　紫茉莉的花及胎座横切（示基生胎座，①相机拍摄；② 30×；③ 60×）

特立中央胎座——辣椒

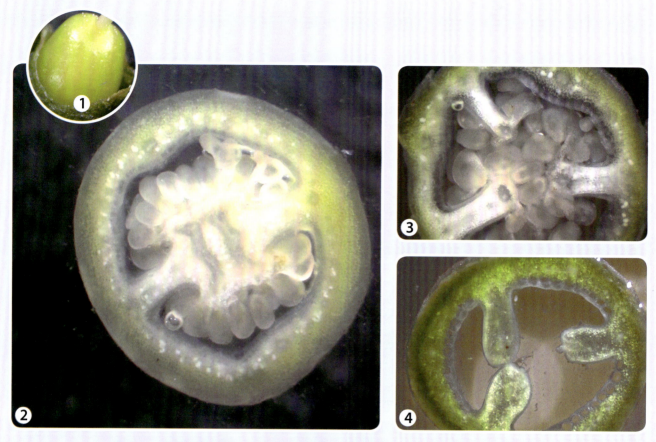

图 14-9　辣椒的果实横切（示特立中央胎座，①相机拍摄；② 30×；③ 30×；④ 30×）

　　胎座类型中比较特殊的要算特立中央胎座了。以辣椒为例，如果果实横切的部位靠近果柄，从切面来看无法与中轴胎座区分。若随着横切的部位逐渐远离果柄，你会看到子房中的隔膜不再是完全封闭的，中轴消失了。原来，特立中央胎座是由具中轴胎座的子房室间隔消失演化形成的。这种类型的雌蕊由多心皮构成一室，心皮的基部和花托的上部紧密贴合并向子房内伸突，成为特立于子房中央的中轴，但并不到达子房的顶部，胚珠着生在中轴上（图14-9）。由此看来，它和中轴胎座可能还存在进化上的联系呢！你想知道身边的植物都属于什么胎座类型吗？让我们一起来动手观察吧！

15 播种下一代的好搭档
——果实和种子

"飘似羽,逸如纱,秋来飞絮赴天涯。"蒲公英果实上长有降落伞状的冠毛,在风的吹动下,可以四散传播(图15-1)。自从植物有了果实和种子,便可以将自己的后代播种到更远更广的地方。

有些植物的种子是裸露的,如油松、侧柏、银杏、苏铁的种子,这样的植物称为裸子植物;更多植物的种子外面有果皮包被着,这样的植物称为被子植物。我们常说的绿色开花植物,就是被子植物,如桃、杏、苹果、葡萄等,路边的小草大多数是被子植物。正是由于植物有了种子,才能更好地适应陆地环境。

图 15-1 蒲公英的头状花序及果实

一到春夏季，草坪花坛中就会点缀着一些可爱的白色绒球——蒲公英，你会不会忍不住去吹一下，帮助它播种呢？其实被你吹散的是它的果实。这种果实很瘦小且干燥，属于干果中的瘦果，名字很直白。蒲公英的种子就藏在这种瘦果里，由于它的果皮坚硬、不开裂，与种皮高度愈合，难以分离，因此在生活中，人们常将瘦果直接称为种子。蒲公英的瘦果呈倒卵状披针形，暗褐色，长4~5毫米，宽1~1.5毫米，在显微镜下可看到小刺，就像中国古代的一种兵器——狼牙棒（图15-2）。

一般蒲公英每个头状花序（图15-1中黄色已凋谢的花）的种子数都在100枚以上。大叶型蒲公英种子的千粒重为2克左右，小叶型蒲公英种子的千粒重为0.8~1.2克。

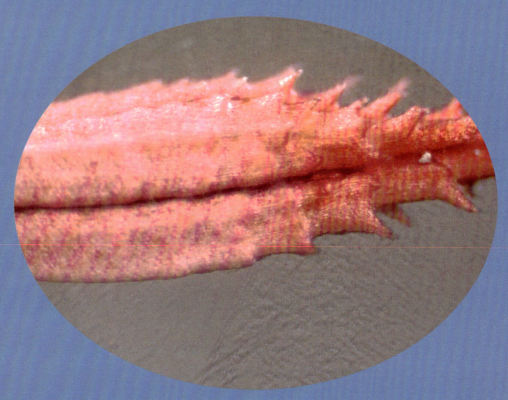

图15-2　蒲公英的瘦果（150×）

图15-3　蒲公英的冠毛（30×）

虽然瘦果本身重量很轻，但是借助风力传播，伞状的冠毛能够帮助它随风飘得更远（图15-3）。难怪有人说："需要一场暴风雨才能将松柏的种子搬上一段距离；但只要一点微风就足以为蒲公英再次播种。"

继续放大观察，又有惊人的发现，每根冠毛上还有突起的小刺。瘦果和冠毛上都有刺，应该是对昆虫或其他小动物的一种防御和拒绝（图15-4）。

你知道蒲公英英文的由来吗？dandelion 从拉丁文词根分析，是"狮子的牙齿（teeth of lion）"的意思。为什么这么可爱的菊科植物和凶猛的狮子牙齿有关呢？有人猜测这是形容蒲公英锯齿状的叶片，不知道当时的人们，有没有借助类似放大镜或显微镜的工具观察过蒲公英瘦果和冠毛上的刺，总之这是很贴切的一个词。

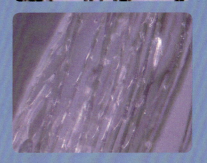

图15-4　蒲公英的冠毛（底光源和侧光源，150×）

有的肉质果实，果皮颜色鲜艳，果肉多汁，如樱桃是鸟的最爱；还有一些果实坚硬、苦涩、乏味，鸟兽也都喜欢吃，因为它们的口味与人类不同。不能被消化的种子则随鸟兽的粪便传播。

人类的祖先通过品尝、选种和杂交，留下了无毒、多汁、可口的水果。在品尝完水果后，不妨借助显微镜观察一下那些微小的种子，可能有你意想不到的美。

火龙果是一种热带水果，属于仙人掌科植物，叶已退化，光合作用的功能由茎干承担。果实呈长圆形或卵圆形，表皮红色，肉质，具卵状而顶端尖的鳞片，果皮厚，有蜡质，因为外表像一团愤怒的红色火球而得名。果肉白色或红色。一个火龙果中有近万粒具香味的芝麻状种子，故也称为芝麻果。图 15-5 中你能区分出火龙果种子和芝麻吗？长得还真挺像。它们都有黑色且光滑的种皮，火龙果的种子比芝麻更小、更圆润，还能在侧面看到种脐。种脐是从果实上脱落时留下的痕迹，种子通过这个通道获取养分并储存起来，以备萌发时提供能量。脱落的一瞬间就像哺乳动物幼崽的脐带断开，也预示着可以脱离母体独立寻找生存空间了（图 15-5）。

图 15-5　火龙果的种子和芝麻（150×）

猕猴桃被古人采食的历史非常悠久，《诗经》中有"隰有苌楚（猕猴桃的古名），猗傩其枝。"，在《尔雅·释草》中也有苌楚的称法，东晋著名博物学家郭璞把它定名为羊桃，猕猴桃的名字直到唐代才出现。1904年，猕猴桃传入新西兰后，得到了广泛栽培，人们用新西兰的国鸟——奇异鸟为猕猴桃命名，称之为"奇异果（kiwi fruit）"，它是新西兰最负盛名的水果之一。

猕猴桃的种子也是黑色的，但是种皮上有凹凸不平的皱褶，组成形状不规则的小格。比较奇特的现象是，当种子离开果肉细胞，经脱水和氧化后，一格一格由黑色转变为红色，几分钟后通体呈红色，宛如一颗宝石（图15-6）。

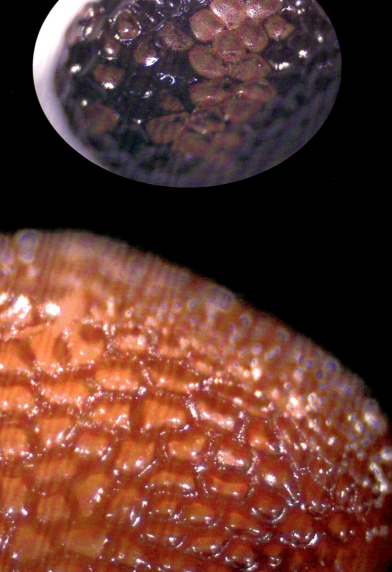

图15-6 猕猴桃的种子（变化过程中和变化完，150×）

草莓是一种人见人爱的水果，可是它有果皮吗？它的种子又在哪里呢？

草莓的果实是由花托膨大形成的浆果，在凸起的花托上着生有许多雌蕊，受精后形成许多种子（瘦果），在植物学上也称为聚合果。

草莓的花比较特别，它的花托鼓鼓的，像一个倒扣的绿色小碗，而在它的花托上，长着许多细密的雌蕊和像黄色棒棒糖一样的雄蕊。这些雄蕊把花粉传递给雌蕊后，雌蕊下面的子房就会发育成一粒粒的小果实，这就是平常看到的草莓表面的"籽"了。所以，草莓的种子长在外面。

有种人工培育的白色草莓表面的种子是红色的，在显微镜下会是什么样子呢？比较一下：两种草莓的种子都是瘦果，呈卵圆形，光滑，白色草莓的种子多了一些红色的色素（图15-7）。

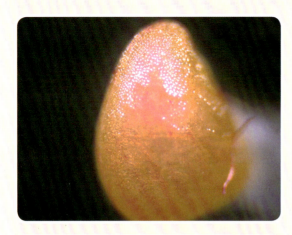

图 15-7　草莓种子（红色草莓和白色草莓，150×）

植物有各种巧妙的方法将后代散播更远更广，主要依靠风力、动物传播或果实自然裂开的弹力，人类活动也有意无意参与其中。

牵牛花的花蕊（光学放大 100×）

三角梅的花蕊(光学放大 100×)